庄臣 · 著

鲜

庄臣

舌尖

上的中国

庄臣 · 味道

图书在版编目（CIP）数据

舌尖上的中国：庄臣味道／庄臣著. – 广州：广东旅游出版社, 2012.6
ISBN 978-7-80766-385-0

Ⅰ.①舌… Ⅱ.①庄… Ⅲ.①饮食–文化–中国 Ⅳ.①TS971

中国版本图书馆CIP数据核字(2012)第141501号

舌尖上的中国
庄臣 味道

书 名	舌尖上的中国 庄臣·味道	
作 者	庄臣	
策 划	孔建伟 陈洁 宁志庚	
责 任 编 辑	张晶晶	
统 筹 编 辑	何嘉嘉 蔡淦 王锡瑶 林佳慧	
装 帧 设 计	梁耀兰	
出 版 发 行	广东旅游出版社	
印 刷	广州市天辉印刷有限公司	
经 销	金榜传媒集团	
开 本	787mm×1092mm 1/16	
印 张	13	
字 数	160千字	
版 次	2012年7月第1版 第1次印刷	
定 价	32.00元	

Contents 目录

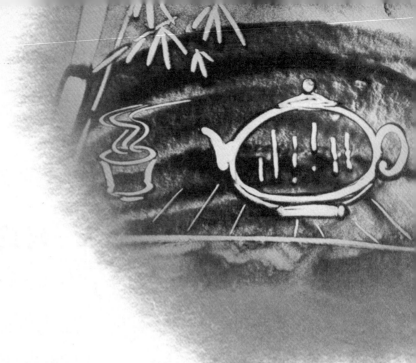

第二篇　舌尖上的文化

第三篇　舌尖上的人生

时间的味道

　　2012年，中央电视台一套的《舌尖上的中国》节目，连续七集讲述中国人食物的故事。我和大家分享了粤菜的鲜，用文化来"解构"这些味道，说到底就是一种分享。摄制组上下皆是好吃之人。也对，没有对美食向往的这份虔诚，是拍不了这样充满感情的画面。总导演陈晓卿是一个实在人，我十分佩服他对于生活小节的感悟和洞测能力。在这部片中他是一个灵魂人物，是他串联以及捕捉到每一集当中一些细小的动人的情景，令到这部纪录片，在当今充满食物安全问题危机的社会中，突围而出。而导演邬虹和摄影师李滨在拍摄期间也和我大谈美食。曾经数次打电话给我，"责怪"我带他们去那家拍摄烧鹅的烧腊店，导致他们后期剪辑时口水直流。

　　随着《舌尖》的红火，编辑打电话给我，打算出版一本书，叫《舌尖上的中国—庄臣·味道》，于是我把这十年游历大江南北的"美食日记"重新整理。这些年，我边走边看、边吃边写，倒是积累下一大堆美食散文。从北京的"门框胡同"，河南的"道口烧鸡"、"洛阳水席"，苏州的"七里山塘"，西安的"水盘羊肉"……味道是一种奇妙的东西，即便是一种单一的味道，也有千变万化的演绎，背后还有独一无二的文化背景。其实，每当去每个不同的城市品味，只要能遇到有一定生活阅历的人，哪怕只是黄毛小子，对"吃"的看法都会头头是道。光顾不同的菜市场或者鱼市场，只要小贩肯答，你肯问，你都会感到自己是一个学生，因为品味本身就是一个学习的过程。这个世界上根本就没有"什么都会吃"的美食家或者专家。

80年代初期，我在英国归国后，顺应时事进入了中国大酒店担任了一名行政总厨，一做就是九年。90年代是改革开放的广州黄金期，那时候我已经是五星级大酒店的餐饮总监和总经理，这十年的工作岁月中，我接触了来自世界各地的美食、美酒、雪茄。那是我人生视野开阔，并且充实的一段岁月。可以说，我认为只要生命不息，人们对生活的感情就不应该削减，对食物的感恩和赞美应该伴随一日三餐而延续下去。千禧年伊始，我转型成为美食文化的推广者，我不是第一个这么做的，也绝不会是最后一个。

Preface 自序

这几十年来，虽然跑遍中国海外，最远远至北极圈，在北极圈看芬兰驯鹿，试过去一个脱离澳洲大陆板块9000年的岛屿上品尝淡水龙虾，还试过去艾米利亚罗马涅周边山区里找羊肚菌，也品尝过无数美味，但真正下手次数屈指可数，多是在家里陪伴家人的时候，会挥弄一下掌勺。其余时间挥弄的多是筷子刀叉，还有手中那只笔。

我是一个广东人，书里的遣词用字大部分都保留我一向写作的风格。我有一个目标，就是用大家看得懂的广东话一起聊天，希望拉近我们的距离。长期生活在广州，自然就有很多在粤港澳的足迹，这点在"广饮广食"篇里能窥探一二。

如果你们是同样热爱美食，热爱游历，不妨从第一页开始，开始探索一段美食之旅，一趟文化之旅，一种人生感悟。

引子

从《舌尖上的中国》，看庄臣一路走来

由纪录片《舌尖上的中国》引起的这股美食热潮，不得不说是空前的，执行导演任长箴说，她亲眼看着团队博客的访问量，从800涨到片子开播前的6720，最后涨到七集全播完后的35万。那种得到回报后的喜悦，充斥着人类最柔软的一隅。或许到了这一刻，我们才能更深刻的理解付出与收获的对等关系。

而作为广州美食形象推广人的庄臣，是通过怎样的努力成就今天的辉煌，我们不得而知，但却能在各大媒体中看到他手持一笔，走遍大江南北，尝尽中华美食，一路过关斩将，从默默无闻到名声大振，再跃身成为受欢迎度极高的美食专家"代名词"。甚至有人说，庄臣是"品味"与"时尚"的代言人，随着他在香港电视台主持的美食节目《广饮广食》、《广州美食地图》、《星级享受之旅》、《品味珠三角》等开播，在各种高消费的饮食场所，慢慢形成一种"庄臣热"，美食的话题离不开庄臣，而庄臣的话题，更离不开美食文化与人生定义。

"拍《舌尖上的中国》，要展示人和食物之间的故事，透过美食来看社会，"这是总导演陈晓卿给拍摄组的"命题作文"，又无疑像是庄臣为自己定下的"目标"，回顾30年的"美食之路"，他吃的又何止是美食，写的又何止是菜单。他一直希望自己能游遍天下，品尝各地不同的美食，但同时，他更享受的是在品尝中发现与欣赏各地不同的风俗，从一个地方的食物中，领略到那个地方的风土人情，人文信仰……手持一支笔，一点一滴地记下，味蕾的绽放，吸收到的香气，所领悟到的地方文化与人生概念。让人读起来有身临其境之感，美味充斥着大脑，从身心感到愉悦而美好，像置身于温柔的梦乡，顿悟人生。

有人说，对于一个"美食家"，一种食材等于一个生命，吃东西于他们而言，已经与"享受"二字无关了，他们需要的更多是专业的品鉴。庄臣以他独特的经历与广博的见识，从"中国大酒店"的餐饮管理人摇身成为各类电视台、电台以及各大报纸杂志专栏的主持人、撰稿人，且《舌尖上的中国》的热播，又把他的名气推向更高的层次，其炙手可热的受欢迎程度，又岂是聊聊几字能够表达的。这一切，绝不是高高在上故弄玄虚的"美食家"所能做到的，庄臣的人生游历生涯，便是最大的原因所在。他一路追求健康美味的食物，强调"鲜"的重要性，他坚持美食没有贵贱之分的理念，"真正的饮食文化的精华，同样存在于常民之食里，端看的是食客的心在哪里。"

付出与收获或许永远不能成为正比，但有付出肯定会有收获。就像一道美食，除了有一定的文化背景外，如果没有厨师不断地尝试，又怎能轻易扬名？网络对《舌尖上的中国》的评论风风火火，其中有一段话非常适合我们拿来结尾，"就像第三集里的一个牧民，他爷爷从小就告诉他，你能做好一个牧民就很好了。这就足够了"。人生亦如此，成功与否无所谓，只要你能对你所追求的东西尽力付出，就足够了。

第一篇 舌尖上的味道 神州风采

这是一场宏伟的美食盛宴，

这是一次又一次探秘之旅得来的成果，

从北京到上海，从香港到澳门……

一个地方一种特色，每种特色都很诱人。

从特色菜到地方小吃，从国宴到私房菜……

一段游记一种味道，神州大地，万般风采。

游园京食

良辰美景奈何天，赏心乐事谁家院。"上京"次数已经数不清，我喜欢北京有着悠久历史的皇家园林、四合院、胡同小巷，行走在这个属于神州大地最繁华的城市之中，在味蕾的记忆中，似乎能探寻中国数千年来不断变迁的味道。

北京胡同小吃

冬日的京城，刚刚经历今年的第一场雨夹雪，寒风中，地上的落叶上下翻飞。

即使是这样的天气，路上行人依旧形色匆匆，"门框胡同"的小食档如常营业。街里阵阵的麻辣飘香，胡同内"臭豆腐"的店铺甚是招摇。

再往里走，是传统的卤煮食店、爆肚食店。这条昔日著名的食街，今天却不免让人顿生"门前冷落车马稀"的感觉。

"门框胡同"是在"大栅栏"商业街内的一条胡同，对面是中国电影诞生地一大观楼。大栅栏建于明朝永乐十八年，在宽不足3米的门框胡同，当年居然云集了众多北京的名小食店，如"年糕王"、"大腕儿"、"豆腐脑白"等。而与其邻近的还有"爆肚冯"、"烫面饺马"、"爆肚马"等，形成了著名的"胡同小吃"。翻阅资料，当年有不少的文人雅士及社会贤达如鲁迅、老舍、张学良等都曾光临过此地。著名作家舒乙先生更以"小吃大艺"四个字，简明扼要地概括了北京小吃的内涵。不过，一进巷口就看到许多麻辣烫、臭豆腐……这些摊位，今日胡同依旧，却已大异其趣。

另一个同样是游客区的"后海"，在位于宋庆龄故居的西侧，有一条怀旧的"食街"，名为"九门小吃"（因北京旧时有"九门"，故以此代表北京传统小吃）。其中也有一条"门框胡同"，你可找到"恩元居"、"爆肚冯"、"羊头马"、"天桥茶汤李"等老牌小食店。当然还有我喜欢的"小肠陈卤煮"。

在大栅栏附近，有个小馆子，专门吃肥肠的。我路过时给它的香气"逮住"了。但凡是卤水的东西，它所用的药材都会散发出一种独有的香气，如果加上脂香，一定是勾人味蕾的食制。我吃了一碗肥肠之后，觉得应该在京城再找一些其他店家的味道。后来，在市区开车去丰台的卤煮陈，专门去找这道食制。我觉得这种卤水肠基本上都要吸收到卤水汁的香气才能降低其肥腻的口感，这与粤菜的卤水猪大肠有异曲同工之妙。

光膀子涮羊肉

不知道从何时开始,北京男人有个诨号—"膀儿爷",生性豪迈。吃火锅的男士都喜欢把上身脱光,女士们只能表示无奈。这次来到"东来顺",我也入乡随俗,把上衣脱掉,试试看这样打火锅是否更过瘾。

在风靡一时的涮锅中,羊肉几乎成为每桌必点之物。这次我点的是"羊上脑",不知是为了解暑抑或为了解馋,又叫了一盘生牛肉,至于其他则都是一些涮锅的配角了。"东来顺"的涮锅至今仍保留着旧时的炭火铜炉,这对于爱涮锅的人当然不会陌生。不过,或许因为气候的不同,在南方,广东人夏天却是极少吃羊肉,即便天冷时煲羊肉,也要下配料来平衡它的"膻腥"与"燥热"。

而对于北方人来说,牛、羊、鹿等食物,早已经成为其饮食习惯的一部分。像西安的羊肉泡馍,即便是爱吃羊的南方人,在他们品尝此菜之时,如果分量过大,也往往会感到力不从心。新疆人吃羊,喜欢烤,烤全羊可以说是新疆的一大特色,其外酥内嫩,甘香可口,皆因采用传统馕坑烘烤,方得此效。我每每品尝博格达美食乐园的烤羊肉,总感回味无穷。

西方人吃羊亦有一套独特的方法,在生羊肉片上加上胡椒、橄榄油、奶酪等配料,便成为一道让人醉心的佳肴。我亦喜欢这样的吃法,就着杯中酒,羊肉的美味在舌尖呈现无疑。

京腔烤鸭店

晚上在万丽酒店看到一家以肥鸭命名的中餐厅，第二天要在这里拍摄，我们点了烤鸭和几道小菜，其中有一道"姜葱猪润辽参"做得很好，用家常味道与辽参结合，有相得益彰之效。大厨是香港人，所以这里还有一些风味食制，像烧味猪骨粥和"炸两"这些广味的粤菜。"肥鸭"以白头鸭为材烹制而成的烤鸭皮脆肉嫩，之后几天亦住在这酒店里，又吃了几顿，怀念鸭腿滴出来的液汁，一个字，香!

在北京，烤鸭基本上算是天子脚下的地标式美食，国人皆知。来北京的人，一定会试试当地的烤鸭，这种情况也令到北京的烤鸭店有更大的生存空间，当然这里说的一定是要做得好的。比如全聚德，虽然国人都说它卖得贵，但是它也始终门庭若市。它家鸭身的肉味香，且具有纤维感，但属于较为肥腻，所以"大董"有了一道酥脆但不肥腻的烤鸭，而且一直在开分店。北京的当地人会找一些他们觉得游客不知道的烤鸭店"帮衬"，这种情况在世界很多城市都会有，就是游客和当地人不会去共同的菜馆"凑热闹"。

我吃北京烤鸭，只是第一口伴着面皮、大葱、酱一起吃，之后基本上都是吃鸭肉。而鸭的皮一定会吃上一片，那就是京厨在客人面前"片"出来的第一片皮，靠脖子的上胸那里最甘香肥美的部位。

京城晋菜

这次在北京"晋阳饭庄"吃饭，不喜欢面食的我都忍不住点上了几款山西的面制。除了面食之外，当然少不了名菜"过油肉"，此菜味道不俗，只是有点肥腻，不太习惯。另外一款是这里的镇店之宝—香酥鸭，它的制作工艺讲究，用丁香、豆蔻、肉桂等10多种香料腌制数小时，然后入笼蒸烂，再用油炸脆，其特色是烂而不散，甘香酥脆，我在想，有时间的话，在家也可以弄两手。

晋阳饭庄已有50多年历史，是《四库全书》总编纪晓岚的故居，其后院的海棠和前院的藤萝均为纪氏亲手所种，藤萝至今仍像《阅微草堂笔记》中写的那样清雅。打听得知，该店的厨房班底是由山西太原百年老店"晋阳饭店"和山西各地知名老字号中几十位身怀绝技的红、白案厨师组成。虽然时过境迁，今天却依然能感受到昔日晋菜大师的神功余韵。

上海往事

"新天地"是大上海一个时髦的饮食场所，近几年更是游客必到的地方之一，也可以说它是一个"饮食游客区"，常会见到络绎不绝的游客流连在此，或三五知己在路边的咖啡室闲聊小叙，既休闲也优雅。

十里洋场新天地

2001年我曾到过新天地，那时的Luna和T8是较高人气的餐厅。而Luna的Mushroom Cappuciano（蘑菇汤）更是让我留下的印记至今，以喝咖啡的形式来演绎蘑菇汤，当时是Luna的招牌菜，也曾受到不少食客的青睐。

这次从意大利米兰飞回上海，故地重游，到"新天地"走了一趟。并没有在Luna吃饭，只是喝了"露天咖啡"，因为午饭安排在"新吉士"，到新吉士吃饭是冲着它的醉蟹和水晶虾仁。新吉士是一间经营传统的上海菜馆，在新天地的店铺不算太大，两层的小洋楼，古色古香，精致优雅。

大煮干丝

而另一家带有欧陆风情的淮扬菜馆"百合居"，也是一家精品馆子，它更像酒店的"扒房"。它的出品，其选料更是考究，制作细腻。以扬州炒饭为例，师傅选用东北大米，以鸡汤烹煮成米饭，佐料爆炒后要将油分吸去，令炒饭爽口，每个工序都非常严谨，看得出店家的心思，和吃东西的阅历。

在百合居还吃了一款"大煮干丝"，这是一道较为常见的淮扬菜。豆腐干的质量是菜式好坏的关键，店铺的师傅需要到扬州附近的郊县拿货，如淮阴等地采购。这是我比较喜欢的一道豆腐馔，主要用浓汤和火腿烹制，还加入了炒制水晶虾仁的河虾，十分有味道。

我在"苏浙汇也吃过这道菜式，这里却叫"鸡火干丝"，以鸡汤和火腿烹制，汤汁里加入火腿蓉，使菜肴的味道更加香浓，是荤素之间的一种融合。

上海小食

走到云南南路，我被一家叫"民心"的小食店的蒸乌鱼蛋吸引住了，这里卖的是小乌鱼蛋，比平时所见的大乌鱼蛋要好吃很多，于是马上叫了一盘，果然没有失望，其味鲜，口感要比大的优胜，而且鲜而不腥。这就说明，有时候小店的食物也有它的独特之处，所谓美食在民间嘛。

走走停停又来到了黄河路的"金八仙"吃"温蟹"，之前在这里吃过几次，觉得它的卫生条件还可以，吃完后也没出现什么肠胃问题，于是每每到上海，便忍不住过来瞧瞧。温蟹需要腌制十几小时，吃起来确实甘香，尤其是蟹膏，更令人回味无穷，而且越吃越起劲，越吃越上瘾，用试味的心态吃它是最好的。温蟹的做法跟新吉士的醉蟹不同，当然和潮州、宁波的做法也有差异，不过其共通之处都是生腌，所以肠胃较弱的朋友，要"小心"这种上海美味。

在上海吃东西，到小馆里更感风味，更有乐趣。譬如在吴江路的小杨生煎包，那是一家每天都要排队等吃的小食店。生煎包是即制即煎的，所以新鲜，肉香皮嫩。那天晚上差不多11点才到此店，还见到厨师在做包子，当然还是要排队才可吃到这种上海小食。

洋味上海滩

上海外滩是一个引人入胜的景点，在那里，近年开设了不少餐厅，像"外滩3号"便是其中一家甚有名气的洋菜馆。而外滩对面江的浦东区，金茂酒店和香格里拉酒店等都是近几年兴建起来的高级酒店。沿着香格里拉走出江边，那里也有多家酒吧和咖啡厅，从那里可以看到外滩的全貌，景色宜人，让人豁然开朗。

外国人在上海开设的西餐厅也有不少，"地中海"意大利餐厅就是其一。餐厅老板Palli是我老友，年轻时曾担任戈尔巴乔夫的"御厨"。"地中海"餐厅拥有自己的面包房，新鲜的面包，吃法就不同，再加上橄榄油，哦！我还喜欢磨点盐在面包上，总觉得味道会醒胃一些。而Palli的自制意大利面也很正，味道与在意大利吃的别无二致，不过，不是常吃到他的手艺。

中午与久违的好友来到了采蝶轩吃饭，采蝶轩是港式粤菜馆，在上海已开业多年。采蝶轩楼上便是广州蕉叶餐厅，是一间在上海经营得不错的东南亚菜馆。蕉叶在浦东的陆家嘴也有分店。上海人很喜欢这种外来菜，尤其是蕉叶餐厅的舞蹈表演，常常吸引食客的眼球，而它的食物也有别于广州，比广州更加洋化。饭后，上海老友老姚跟老马说要跟我去听爵士音乐，我十分兴起。自从2006年从芝加哥拍摄回来之后，一直都没有碰过正宗的爵士音乐，在上海就可以找到这种"洋文化"。

其实我一直在回味半岛酒店"扒房"的面包，新鲜而且有不同的品种选择。而在十四楼的露天吧，也是一个冥想的好地方。

如果单从景观来说，茂月酒店顶楼的酒吧，就更胜一筹了。与浦东的柏悦酒店相比，虽然风格不同，但是气氛更佳。哦，突然之间想起，那家久违了的在天平路41号的"老吉士"，那几味招牌菜和会讲广东话的上海经理小李。

小桥流水赏姑苏

从上海虹桥机场出发，一个小时左右的车程便来到了苏州的工业园。这是苏州的新区，马路宽敞，规划井井有条，其格局有点像美国的芝加哥。工业园里最大的湖叫"金鸡湖"，湖中有条长堤叫李公堤，这里湖光山色，堤边的垂柳随风微摆，凸显秀气。

冬日得月楼

冬日的阳光照射到得月楼，这是到了苏州工业园的第二天中午，因为要踩点，便到这一带游荡。认识得月楼的人大多是因为《满意不满意》这部电影，当中的松鼠桂鱼更成为了明星菜。每次到苏州都会吃一下传说中乾隆皇帝吃过的"松鼠桂鱼"，这次想换一下口味。

在得月楼一坐下便被"响油鳝糊"和"太湖三白羹"吸引了。鳝糊是老上海味道，不过在这里吃比在上海吃要甜，吃不惯，像广府话所讲的"甜椰椰"。"太湖三白羹"来自太湖，指的是以太湖银鱼、白鱼、白虾来炮制的菜式，口味清而不淡，或许是生意太好的原因，所以食材就货如轮转，能吃到食材当中的鲜。

水乡农家菜

苏州是一个水乡，很多地方还保留着小桥流水的风貌，来到苏州，听说在平江路小桥畔有间农家菜，不是做游客生意的，应该值得去试一下。平江路全长1600多米，是苏州最古老的一条街巷。从网上资料得知，早在南宋的苏州地图《平江图》上，平江路已清晰可辨，是当时苏州东半城的主干道。从古到今800多年来，平江路基本保持了原貌，仍然是"水路并行，河街相邻"的水乡格局。

沿街有不少老宅，其实多被用作酒吧、会所，只是外表看不出来，我们的目的地是农家菜馆，因为有熟人指路，就不怕人地生疏了。

农家菜馆的设计果然够土气。我们在明档点菜，点完菜上楼，菜肴已经放在桌上，因明档所展示的食物，大多是已经做好了的，除了部分要现烹现煮之外。我们一行8人点了红烧肉、特色豆腐、大鱼三食。红烧肉是江南一带的特色，家家户户基本都有此菜，这里焖得肉香酱浓，肥猪肉吃上去松化。大鱼来自千岛湖，做法是苏州的特色，鱼头汤我吃得最多，因为它清淡，而且能吃到鱼的本味，鱼头的重要部位也被我吃掉了，当然就是鱼唇、鱼面和里面的脑浆，一个字—鲜，两个字就是又滑又鲜。其实所谓的农家味，都是万变不离其宗，原料就是最重要的前提。

七里山塘

第二天我们来到了位于苏州西北部的山塘街，这里全长3600米，七里多，故被称作"七里山塘"。唐朝白居易曾在苏州担任刺史，期间他组织民工疏通了山塘河并拓展了河堤，所谓水通即财通，此举带动了苏州的贸易和旅游，因此，这里亦被人称作"白公堤"，白公堤流水行云，从现存的景观不难想象到当年的繁华。

山塘里有众多游船，以做游客生意为主，街上有不少精品店，卖苏州当地的小吃、工艺品和服饰。走在大街上，不时会传来苏州评弹的乐声，来自街上的一些茶馆，他们以即席表演的评弹吸引游人。评弹的演奏细腻，叫人听上去悦耳舒心，在这种气氛之下，来到了另外一间老店"松鹤楼"，继续品尝苏州美味。

在"松鹤楼"，我记下了醉香膏蟹的味道。每次到苏州基本上都要到这里回味这道菜，通常会在"太监弄"的那一家。

杭珍叫花鸡

广东人的饭桌上少不了鸡，尤其像白切鸡、豉油鸡等都是经常吃的。在江南杭帮菜中也有一道风味的鸡馔—叫花鸡。

广为人知的叫花鸡，是出自金庸先生笔下，黄蓉就是用叫花鸡哄得老顽童、洪七公妥妥帖帖，因此食客对此鸡应该不会陌生。虽然《射雕英雄传》里的叫花鸡那么有名，但除了武侠小说之外，此鸡还有一段故事。

话说清末，浙江萧山县有位叫傅杰的书生，长大后不务正业，不过三年就把家业败光了，只好行乞在杭州城的街头。有一天，傅杰讨要在西湖边，时值荷花盛开，虽是美景宜人，但难耐饥饿逼人。碰巧有一只母鸡出现在眼前，于是傅杰用手掐死了母鸡，这实在太残忍了，不过"讲古不驳古"，于是到河塘摘下几片荷叶，再用塘泥涂于表面，把鸡进行一番"BBQ"处理。烤好后，鸡的香气四溢，几天未用餐的傅杰用手掰开泥土、荷叶，饱餐了一顿。傅杰回到萧山县后，得到伯父的帮助，开始做卖烧鸡的生意，大受欢迎。不久，傅杰就在杭州城里开了一家颇具规模的烤鸡店，而因他做过三年乞丐，食客便风趣地叫它"叫花鸡"。

叫花鸡的故事版本各有不同。我曾在各地品尝过几种不同的煮法，尽管煮法不一，但肯定不会把鸡毛和内脏一齐烹煮的，除了鸡种和手法不同，这里所用的泥是有讲究的，大厨"六叔"就在泥里混入盐和香料，此举使泥在受热时不易爆裂，而且会滋生诱人的香料味，食时更是口香。

南腿

中国的火腿有着悠久的历史，火腿肉色带红，犹如"火"一般，故而得名。肌红脂白，肉色鲜艳，香气浓郁，滋味鲜美而闻名于世的金华火腿一早就被国人熟知，但其实除了金华火腿，还有一种"宣威"火腿，也极具名气，不过，两者在制作和选料上就有很大的区别。

宣威腿是云南宣威出产的火腿，亦有"南腿"之称。南腿是采用当地的乌金猪，将其后腿切成琵琶形，用盐腌制，再经发酵等多个工序制作而成。

金华腿以金华雪舫蒋腿为佼佼者，此品产于浙江金华的上蒋村，资深食家都知其猪种为"两头乌"，此猪种的特征是头、尾长黑毛，骨骼细小、皮薄，而且肉质鲜嫩。制作火腿都是选用猪只的后腿，传统的金华腿只在冬天制作，所以又称"冬腿"。制作时需经腌制、洗净、上晒架、制形、发酵等多个工序，需时9个月左右，便成"新腿"。冬天"制腿"是因其温度、湿度、盐度都较为适合，这与外国出产的火腿有不谋而合之处。以西班牙的"名腿"Serrano火腿为例，他们亦是冬天才制作火腿的，选用的是"高山白猪"，经过海盐腌制、发酵和夏天的"流汗"、冬天的"收缩"，历时18个月才制作而成。

火腿有着诱人的甘香，它既可扮演菜肴的主角，亦可给菜肴"增色"。西式的食法以"即食"为主，将其切成薄片来制作冻盘，而意大利云吞就以炒熟的巴尔马火腿作馅料。

锦诚古街

"九天开出一成都，万户千门入画图"，在中国偌大的历史版图上，成都是唯一建城以来城址以及名称从未更改的城市。成都又是一个休闲与美食之都，"得闲"约三五知己一起，边游玩边品尝美食，何尝不是一件美事！

宽窄巷子

冬日的成都，寒冷的天气夹杂着小雨，湿滑的路面倒映着古色古香的"巷子"。这里离人民公园不远，有3条巷子，分别为宽巷、窄巷和井巷，巷内有不少的酒楼、小食馆，也有工艺品和私人住宅，还有我之前认识的喻波私房菜。这条巷子已有300多年历史，曾是清代满人聚居之地，不久前才重新开发，大部分保留原貌。如果是在电影的画面里，看上去便是一条光鲜的古街，人在走动，仿佛时光倒流康乾时代，这里虽然没有"锦里古街"的兵大哥巡更，但却多了几分怀旧情感。

宽巷有一家叫"正旗馆"的店铺，里面没有菜牌，小房间的消费为2500元，看一下只可容纳5~6人。"有空再来吃。"我跟服务员说。又走到一间叫"养云"的馆子，看上像西餐厅，实际上却是火锅店，但不是麻辣火锅，是吃龙趸锅，虫草锅，还备有不少的海鲜，有点广东味，和另一家在宽巷子4号的火锅店有几分相似。"我们有自己的招牌锅底和特制虾丸。"服务员介绍说。

最后我还是走进了"天趣满汉楼"，这里并非吃满汉全席的地方，也不像北海公园的仿膳，而像是走进一个大户人家作客，欣赏里面古朴的建筑风格和文化品位，吃慈禧太后"吃过"的菜。

走到宽巷的尽头，转左就看见了窄巷，巷内有一家门牌为43号的住宅，就是喻波私房菜，之前来这里吃饭的时候，周边还是烂地。转眼间，这家没有餐厅名的私房菜已身处在光鲜的古街之中。我和喻波喝茶聊天，得知他正在研究分子烹法，和几个西班牙厨师交上了朋友。我问他："餐厅还是没有安上名字吗？""没有！"他很坚持地回答。喻波私房菜的菜价不算很贵，但却贵在坚持。

锦里情怀

锦里，意为"锦上添花，里藏乾坤"，它曾经是成都最古老的商业街名。经过重建，锦里在2004年10月31号重新开市。成都再次打造出一条富有风土乡情、文化气味的商业步行街。锦里临近武侯祠，延伸了武侯祠的三国文化，还以明、清时期古色古香的民居建筑风格，展现出老成都街景。

我来这里已有三次，第一次来的时候是晚上。晚上的锦里很美，那时刚刚开市，我在三顾园吃的饭，是一间以三国典故菜为主题的餐厅。这家食肆就在锦里古街的入口处，餐厅高朋满座。饭后我在街上溜达，这里有茶楼、客栈、酒楼、酒吧、戏台、风味小食等，也有工艺品、土特产的店铺。街上还有很多喝酒的地方，像四方街、醉三角、煮酒坊等，还有一间叫"莲花府邸"，它是结合了古典艺术与摩登时尚的酒吧。

这是第三次来，大约早上十点，街上已经是熙熙攘攘的了，吃是最重要的，我叫来了一份夫妻肺片和几串麻辣烫，后来又到张飞牛肉店里买了半斤卤肉大快朵颐。这里的景物令人忘形，我不知道是在吃早餐还是午餐，我想大概应该是在吃Brunch吧。

虽然我没有喝醉，但早在我第一次来这里的时候已经醉了。我迷迷糊糊地记得我在幻想在广州也有这样的一条街该会有多美啊！把云吞面、艇仔粥、德昌咸煎饼共冶一炉。我们还有米酒，拿来做鸡尾酒都是可以的，谁说不行。

烟台乐事

烟台是座海滨城市，我们从金海湾酒店走出来，便是滨海路。这晚风清月明，迎面吹来的海风清爽凝神，遥望月亮映照下大海的波光，隐约形成三条浮动的金线，景色宜人，令人心情舒畅。

海滨深夜

不管是到烟台出差还是旅游，吃当地的海鲜是一个少不了的节目。烟台有很多当地的海鲜种类，比如"碟鱼家族"的片口鱼、小嘴鱼、牙片鱼、塔目鱼，还有大黄鱼、响鱼、红鳞加加、飞蛤、海蛎子等等，林林总总叫人目不暇接。当中又以海肠较有特色，海肠的吃法与北海的沙虫有几分相似，但它的个头要比沙虫大，颜色呈朱红，口感爽脆鲜甜。当地大多用来白灼，吃时佐以日本芥末和酱油共用，味蕾在短时间内便可产生快感；也有拿蒜头和干辣椒爆炒的，口味也相当不错。吃晚饭时，还有一道叫干鱼烤肉香的菜，是用特制酱料焖煮的猪腩肉，其食味适口，余韵回甘。

烟台的海鲜没有受到远程运输的颠簸,其新鲜程度极高,并且当地采用原汁原味的制作方法——白灼、清蒸,甚至是生吃,可以保留海鲜本身的风味。当然也有家乡焖煮、酱焖和干煎等"胶东菜"的做法。

吃完饭后漫步在滨海路上,一路欣赏着海边的风景,若然身边红袖添香,何等快哉。不知不觉已到了"望海楼"。登高远望,月亮和大海更加清晰,这时顿感豁然开朗,之前隐约看到的波光已变成一片金色,荡漾在一望无际的大海之中。

渔排尝鲜

这天要出海拍摄,目的地是芝罘岛,从滨海路出发不到一小时的路程便到这个名岛。相传当年秦始皇曾三次到来芝罘岛,其中第三次为专求长生药而至,当然结果大家都知道,药不仅没有得到,而且秦始皇还死在从芝罘岛返回咸阳的途中。

来到岸边,见到渔民正在从麻绳中收集刚上岸的海红,眼下的海红特少,"这不是人吃的,是用来养鸭的,"渔民说。足有满满一车的小海红,不知可以养活多少鸭子了!

开船出海,坐的是小木船,这天的海浪不算大,没有什么害怕的感觉。船开到了渔排,几只大狼狗乱叫一番之后,我们慢慢登上了渔排,这些渔排没有准备给人参观和拍摄。上到渔排时摇摇晃晃，有点晕，真有点害怕掉进海里。

我们在渔排上拿了一条片口鱼，还有红鳞加加，"这鱼叫真鹰鱼，"渔民说。突然海里的海红把我的眼球吸引住了，这些海红寄生在鱼排的木柱边，每簇有几十个连在一起，这种贝壳欧洲也有，在巴黎香榭丽舍大街上，有一间比利时餐厅Leon专营这种菜式，但在波尔多街头的更有风味，因为有些餐厅舍得用白葡萄酒。

海红与青口同属一科，但食味要比青口鲜嫩，法国厨师用白葡萄酒、香草、牛油把它煮至刚熟，非常可口。"你们要不要？5块钱三斤半。"渔民问，大概有六七人异口同声都说"要！"渔民便跳进水里，很快就把一堆沾着海草、小螃蟹和海生物的海红拿上来。有新鲜的东西吃，就不怕晕船啦。"把鱼也蒸了，就在渔排上吃吧。"我说。

海红煮熟了，没有上碟，而是倒在一张小台上，"快点吃，不然会失味。"渔民说，大家没蘸任何汁酱，很快把海红吃完了。渔民把蒸好的鱼也拿了上来，没有下蒸鱼酱油，这是大部分渔家的做法，大家也一口气把它干掉了。

东方之珠

对美食有研究的人都知道，大连有最新鲜的鲍鱼和最有营养的海参出产。这样美好的城市，不管是为了美食还是游玩，我都必须要好好走一遍了，于是从烟台直接坐船来到大连，晚上便慕名前往万宝海鲜舫。

大连海鲜

万宝海鲜舫是当地一家较有档次的食肆，装修金碧辉煌，海鲜品种齐全。进入店堂，我看见有新鲜赤贝，只售20元/只，算是特价了。"介绍一下什么吃法最好？"我问。"日式刺身最原汁原味。"服务员回答。于是点了一份赤贝刺身。这里还有一种熟悉的贝类，样子跟广州的"蛏子"差不多，又与我在上海醉仙楼吃的"黄蚬"近似。这种贝类售价并不贵，但味道却异常鲜美，大连人称它为"海鲜"。海鲜最佳吃法是清蒸，加了蒜蓉和粉丝会失去它的本味，反而配以鲜花椒共烹能体现出它的鲜美。所以说食材之间讲究配搭的艺术，而食材之间的营养又有相宜和相克的说法。但不管怎么样，大连菜还是保留着鲁菜系的传统手艺，近年更糅合了不少粤菜技法。

　　第二天中午，由大连顺峰山庄大厨梁师傅介绍，去了"星海渔港"吃饭，主要是看一下那里的海鲜。这是一个特色海鲜食肆，其海产品非常丰富。那天一进餐厅门就被新鲜海胆吸引住了，虽然现时不是吃"紫胆"的季节，但眼下的海胆也非常肥美。"介绍一下什么吃法最好？"我问。"日式刺身最原汁原味。"服务员回答。我吃完一只又吃一只，味道真的是鲜美！其实不管是哪种海胆品种，生吃是明智之举，如果用来炒饭或炖蛋，就很难品尝出它的鲜美和口感，前提当然要原材料新鲜。

　　后来又去了"天天渔港"。天天渔港在大连约有10家分店。我点了两只赤贝刺身，其中一只有点变味。"我们的赤贝是预先宰好，再放进冰柜，令它达到爽脆的口感。"经理解释道。"哦，但是不新鲜，你可以试一下。"我说。她没有试，但主动给我更换了一只。"唔，这只很新鲜。"我说。毫无怨言，服务很好，给我留下了一个良好的印象。

海产市场

第三天早上去了长庆市场，市场就位于长庆路，马路不太窄，两边主要是卖杂货和庄河大骨鸡的店铺，马路上停满大大小小的车辆，大多都是来这里购货的，非常热闹。

到大连市场主要是想看海产。海产分冰鲜类和鲜活类。冰鲜类有大对虾，大规格为每只半斤重，每斤85元。而大黄鱼也有每条两斤重以上的，这种大规格的黄鱼用来炒鱼球（鱼片）是一流的。以往在香港铺记吃过炒黄鱼球，师傅把"蒜子肉"的黄鱼用来爆炒，除了功力之外，食材的质量才是最重要的。而这个市场的偏口鱼和牙片鱼的种类也有不少，规格多种多样。这些海产都是在大海捕捞的，虽然是冰鲜，但并没有放在冰箱急冻过，买回家清蒸最鲜。

靠近卖冰鲜的地方也看到新鲜赤贝，赤贝规格有大型和中型的。再走到卖活海鲜的地方，便看到琳琅满目的海参、鲍鱼和海胆等高档货色。"这些海参是大连的特产。"小贩说。"多少钱一斤？"我问。"这是一斤3~4个的，80元一斤，来自獐子岛。"我们没有买，又走到卖鲍鱼的地方，"野生的鲍鱼多少钱一斤？"我问。"这绝对是野生的，一斤3~4个，210块一斤，要多少斤？"小贩反问道。"我们还是到酒楼吃吧。"我说。

丁宫保家馔

在当今中国，人们对辣的喜爱，早已跨越了地域的障碍，可谓红遍大江南北。而一般在高原地带，更是离不开这可爱的辣椒，这与当地的气候和水土有很大的关系。

不同地区在饮食中对辣的要求都不一样，像四川的麻辣与贵州的香辣就有很大区别。贵州的香辣由遵义辣椒的辣和花溪辣椒的香味为主，二者的结合令得菜肴的风味与口感的层次更加丰满而突出。在贵州菜系里，每种菜肴的辣味都有所不同，从而形成其独特的味道个性。像"肠旺面"，有辣而不猛，面爽、芽菜爽、油渣爽的特征，是当地人不可或缺的美食；而花溪的牛肉面，配以花椒粉和特制的辣椒以及卤牛肉、香菜、小葱，风味极佳。牛肉面于贵州人而言，就像云吞面之于广州人，都是百吃不厌的小吃。

说到贵州菜，在这里不能不说一说"宫保鸡丁"，这道菜是用酱油、醋、糖、盐、甜酱、姜及糍粑辣椒制作而成，其原创者为贵州平远人丁保桢，他曾任山东巡抚与四川总督，由于有功于朝廷，而被封为太子太保，因而他也被人称为"丁公保"，"宫保鸡丁"便由此而来。江湖传闻，丁公保的家厨做这道菜时还会加花生米。有人曾问过，宫保鸡丁是川菜还是贵州菜，我说这是丁宫保的自家菜。

好汉言欢

"滚滚长江东逝水，浪花淘尽英雄。""蜀地"四川是《三国演义》浓墨重彩之处。自古以来，"人杰地灵"就是大自然赐予这个"天府之国"的厚礼。在长江和沱江的交汇之处就是泸州的所在地了。

泸州是一个山清水秀之地，古时叫做"江阳"，自古便是产名酒的地方。诗人黄庭坚曾写道："江安食不足，江阳酒有余。"来到泸州，喝酒当然是少不了的。这次与广州众饮食精英观摩泸州老窖的酒坊，品尝多款不同的酒品以及调酒大师即席调制的美酒，可谓大开眼界。

我们一行20人，由饮食商会会长区又生带路，除了喝高度白酒之外，我也引领他们到过像"四季御苑"等餐馆试菜，然后就是游山玩水。晚上在一家叫"朱大哥"的大排档就餐，这里紧靠长江，迎着徐徐江风，环境确实有几分江湖味。当晚由朱大嫂亲自掌厨的河鲜大宴，更是让人食指大动。吃的东西有辣有不辣，辣菜是朱大嫂的招牌拿手好菜，是用24种药材、做法保密的麻辣鱼，大众吃后共举大拇指。还有青波鱼，烹调出来的效果也不俗，亦是当地的蒸法，少不了辣椒和香油，应该还有些巧妙之处。

面对当前美味，迎着阵阵晚风，在长江边与一班好友把酒言欢，实为人生一大快事。

女人豆腐

女人漂亮可以用像豆腐一样又白又滑来形容，所以也有人把占女人便宜称为"吃豆腐"，直接明了。豆腐是我们身边最为常见的食品，看似简单普通，却有着千变万化的本领，看似平淡无奇，却深藏着独特的制作工艺和悠久的历史。

豆腐的营养也不用多说，它含蛋白质甚多，极易消化，再者肉食常会携带病菌或毒素，而豆腐是没有的。广东人、上海人同样非常爱吃豆腐，制作上却各有各法。不过，我认为，豆腐不一定需要单纯追求口感的嫩滑，其质感与本味更为重要。

川菜中有一道名扬天下的豆腐美食一"麻婆豆腐"。虽然说豆腐和美女有着千丝万缕的关系。但是使得豆腐名扬天下的一道名菜一麻婆豆腐的创始人，是一位老妇，人说这名姓陈的老妇，脸上有一点麻子，于是她所创的食物就灌上了此名。

麻婆豆腐发源于成都北门外的万福桥头，此菜选料精细讲究，要达到嫩、滑、麻、香、辣的效果。有一次与川菜的老师傅聊到此菜，他告诉我此菜的勾芡需要三次，才可达到上佳的口感。现在到成都，也不一定每次都吃此菜，大概因为距离拉近后，更美的东西也会变得平淡，跟女人一样。

夫妻肺片无肺

在川菜里有很多名菜与小食，"夫妻肺片"是其中一种，它是采用牛的"下脚料"，牛肚、牛头皮和牛舌等来卤制，再配以卤汁、花椒、辣子红油和调料拌制而成的，花椒的香气使得整盘"下脚料"醒胃。

这小吃是成都皇城坝一带的特色，广受普罗大众的喜爱，其原名叫"盘盘肉"，多用瓦钵承载售卖。虽然是平民化的食物，当年也常有许多有钱人光顾，不过那些顾客常常会两头望，无非是怕被熟人碰见了有失身份、不雅观。所以"盘盘肉"的诨名又叫"两头望"。

外国人除了鹅肝之类少数的内脏会吃之外，大部分的"下水"都是不碰的，和中国不同。特别在广东猪杂粥铺、牛杂店铺林立，还有腊鸭肠、牛三星……每个地域都有自己的饮食习惯，不是这个圈子生活的人的确难以理解这个圈子。

早年看过幸福老师的作品说到，"夫妻肺片"的始创人郭氏夫妇，早年在成都人民公园右侧开店卖肺片，由于选料讲究，制作精细，很快就卖出个名气来，加上店名"夫妻肺片"朗朗上口，夫唱妇随，有别于其他经营肺片的商家，成为当时最有名气的小食店。这里的"肺片"确有不同之处，软糯适口，细嫩化渣。

我现在很少吃夫妻肺片，在记忆中，前几年去成都的春熙路，亦专门去人行高架桥下面的馆子吃。那里还有兔头、蒜泥白肉、抄手这些成都小吃。后来有次在皇冠假日住的时候，专门落街找这家馆子，不见了。

现在所吃到的"夫妻肺片"并没有牛肺，按"老成都"所讲，早年是有的，大概是当"肺片"由摆街或提篮叫卖进入店铺后，牛肺就被淘汰了，而且牛肺熟后颜色黑红，卖相难看，当地食客并不太喜欢它的味道。

南宁老友粉

湖南有常德粉，桂林有桂林米粉，广东有沙河粉，海南有后安粉，而南宁，有老友粉。老友粉的配料主要有豆豉、蒜末、辣椒、酸笋、肉末和葱花，先爆香蒜末豆豉和辣椒，出香味后放入肉类翻炒至变色，加入酸笋丝炒一分钟，加高汤或水煮开，放入米粉，捞散后加青菜，煮开后加葱花上碟即成。

老友粉有个很有意思的传说，大约20世纪30年代时，有位老伯在南宁码头开了一家米粉食肆，因实惠、又便宜，每天都吸引到很多码头工人光顾。工人阿三是店内常客，有日重病卧床，老伯得知后用精制米粉，加上爆香的配料等，煮成热辣辣的一碗米粉，送到阿三面前。阿三吃后出了一身汗，病状减轻，竟然痊愈了，他对老伯感激不尽。于是这段佳话慢慢传开了，就有了"老友粉"。

通常每个食制的故事多为传说，有些是后人编出来的，所以很完整。但吃东西多了这些话儿，多少有点意思，大家也不会反感，而且老友粉这个名字算是友善，所以一直相传。

这次因公事需要，在仲夏热辣辣的时候来到了南宁。在南宁湿热的天气，吃当地的酸辣食物或许更有口味。于是便只身来到南宁南湖边的神州食府，点了老友粉过下瘾。我吃了一碗还想吃多一碗。当然这次吃的未必是南宁最好的，上次来南宁的时候，老友带过我去吃中山路那家复记，甚有名气，还有七星路的舒记和共和路的亚光，都是南宁当地人推荐的字号。

现在生活节奏紧张高速，人都是以自我为本，老友之间忽悠忽悠，真正的老友又有几个呢？与其和别人斗来斗去，猜来猜去，还不如吃上一碗老友粉，暖下肠胃更好。

哈城曼妙

哈尔滨是一个十分悠闲的城市,很早就有外来文化登陆,所以有"东方莫斯科"和"小巴黎"之称。哈尔滨人一直引以为傲的是,他们世代居住在这个悠闲的城市,并一直安逸的生活下去。

旧时风情今日游

16年前,我专门来过华美西餐厅吃他们的传统西餐,记忆中还跟这里的老师傅有一面之缘,这家老店位于中央大街,有很多俄式的风味,像大马哈鱼子酱焖羊肉、香肠等等,罗宋汤亦是一个招牌。中央大街有点像上海的淮海路,铺租价格不菲,这间店却一直经营至今,十分难得。

踏在中央大街上,不知道来过的人是否了解,脚下的每一块砖,当年都是用一个大洋的价格购买的,历经了多年,越踏越具风韵,反而成为了这条古街的标志。在街的角落,有一群艺术家在为路人现场作画,有的聚精会神在描绘,有的则在默默无声地等待。艺术家的性格令他们不会像小贩那样去兜售自己的艺术品。与他们反差较大的是那些俄罗斯风味店，那里卖很多俄罗斯商品，包括黑鱼子酱在内。但这些鱼子酱都不是正宗的"贝鲁加"是用来忽悠游客的，朋友们下次若来可别买这种货色。

哈城东北菜

中午好友宴生请我吃东北菜，他跟我说，在哈尔滨请我吃饭，最好不过就是当地的家常东北菜了。不过他们当地高档的应酬，通常都会在粤菜馆。以往有个地方叫做"腐败一条街"，经营高档菜的大多为粤菜。虽然这条街现在不像以前那般热闹，但还是有很多酒楼食肆林立。新一代的高档食肆，大多在哈尔滨开放区那边，近年较有名气的有"海参养生馆"等。

说回宴老板的东北菜，我叫的凉拌粉皮和木须炒饭，前者吃不到以前用麻酱和肘子拌的味道，后者做得还不错，但最好吃的还是"小鸡炖蘑菇"，因为他们用了土鸡，比在长春吃的要好。还有一个罐焖羊肉，说是西式的做法，跟华美西餐厅的做法有点接近。

俄式风味

哈尔滨菜亦包容不少东欧食物，早在1896年，便有俄国轮船"英诺森"号溯松花江而上，来到今哈尔滨市呼兰区，与哈尔滨人做农副产品生意，俄罗斯人的饮食文化亦是从这时开始进入哈尔滨。这次我亦专门去了俄罗斯风情街，买了门票后他们给了一个"护照"，上边写着中国哈尔滨太阳岛俄罗斯风情小镇。里面有很多以俄罗斯作为素材的小景点，让人在这里悠闲小憩。

晚上继续去找当地的特色菜，去到一间吃鱼的地方，这里的模式跟广东模式的海鲜餐厅差不多，有鱼池和冰鲜，任君选择。我来到餐厅，第一眼吸引我的是黑鱼子酱，这种鱼子酱一看上去就是正宗的贝鲁加。

我最怀念的是黑龙江抚远，就是康熙十四子镇守的那个地方，那里出产的鱼子酱是了得的，当年老友梁梦专程托人带了四小瓶给我，真正的鱼子酱风味。当地的渔民告诉我，以往若是钓得一条大型的鲟皇鱼，那么未来一年的生计都不成问题。鱼子酱旁边还摆放了很多开刀的鲟皇鱼，鲟皇鱼的鱼头是最好吃的。虽然黑鱼子十分名贵，但是其实"鱼筋"才是最珍贵，旧时只有最厉害的人才能拥有，是进贡给沙皇或者皇帝的贡品。

而鲟皇鱼头的软骨，宫廷菜里叫鱼脆，也是一种传统的御膳食材，不太常见。那天去到当地的餐厅，他们用土豆来焖煮鲟皇鱼头，既有川味，亦有俄罗斯味，留给我深刻的印象，回味至今。

泉城食记

　　济南的得名来自于西汉时期设立的"济南郡"，即"济水之南"的意思。它还有个别名叫"泉城"，有"名泉七十二"之说，其实不止72处，仅市区就有大小泉池百多个。有泉眼的地方都有清澈的泉水。济南是一个平原，虽说是山东的省会，但毕竟不如沿海城市般发达，除了一些古迹之外，旅游资源也不算太多。说白了，一两天就可以把这里有特色的景点看完，还是聊一下吃的东西吧。

　　在山东省人大旁边有条芙蓉街，这条街大多是食店和与吃有关的摊档，所以比济南其他老街的名气大。但这条街给人的感觉狭窄，卫生程度不佳。而附近的阳光家常菜馆，则是一间当地平民化消费的餐饮场所，一进门口就看到一位大婶在焖香喷喷的大黄鱼。肚子饿的时候，能把人看得口水直流不止。

　　酱焖大黄花是鲁菜里头看家的招牌菜，无论是高档和中档的餐馆都有这味菜式，这个菜的焖酱带有甜味，可以将大黄花的香味带出，但却不是每家店都能做得好。阳光家常菜凭着这道菜就有不少的客流，货如轮转。这家菜馆还有凉粉炒大豆芽、凉拌豆干这些本地人听起来就精神的菜式，但是由于这里有众多此类家常菜，所以早晚都要排队等位，我还是下次再试吧。

第二天我来到大明湖，这个由城内众泉汇流而成的天然湖泊，面积几乎占了旧城的四分之一。

湖旁有不少的食肆，其中有一间叫"鹊华居"的餐馆，专营本地菜。进入餐馆后，觉得它的装饰十分光鲜，很多地方贴上了金箔，但是表面的豪华反而给人一种土气的感觉。我坐在大厅，打开餐牌，看到了久违的"九转大肠"，这肠子虽然肥腻，但是来到济南亦不得不试一下。

他们的前菜像白切鸡，吃上去却淡然无味，又在食物中发现了一条毛发，于是紧张的服务员替我换成一碟盐水鸭，这个金陵出产的盐水鸭确实好味，而且他们做的酸辣乌鱼汤亦做得很好，这令我想起了北京的丰泽园——那间曾做过多次外卖到中南海的鲁菜馆。

"九转大肠"因为它的命名特别，色泽诱人，一直都吸引着一众食客。其实"九转大肠"这种鲜、甜、苦、辣、咸都具备的食制，在制作时需要厨师花费不少心思，而且不是每间都做得好的。这里的大肠选料就较为肥美，用了肠头的部分，但论香口的话，就比不上"鲁西南"了。

饭后跟服务员聊了一下天，得知到如果客人发现在菜式里有异物的话，原来要罚厨师一千元，这种"军令"，真的可以吓唬不少做事不认真的人。

江湖儿女

较广州而言，昆明的天气显得干爽很多，走在大街上，尽管清爽的微风吹得我嘴唇有点干燥，但我还是喜欢这样的天气。与湿热的广州相比，昆明更适合人们的居住。

有人说，美食家的鼻子用来寻找美食是最灵敏不过了，确实不假，突然而来的一股烧烤味和着云贵川特有的麻辣香气将我吸引住了，继而目光追随到传来香气的餐厅，那里有烧鱼、烧蚝，还有烧猪脚，好友却煞风景地说，"这种风味我们今晚宵夜再吃吧。"

云南米线红遍天下，来昆明一定要吃上一口，在"建新园"就有多款不同形式的米线，最便宜的几元到最贵的几百元都有。我挑了一款25元的，这款叫"豪华型"的过桥米线，有一份汽锅鸡汤，六七碟叠起来的米线佐料，包括鹌鹑蛋、火腿、肉片、鸡片，还有小菜。服务员捧上来第一句话就是叫你小心热汤，然后教你按顺序把碟里的东西放进汤里，最后将米粉拌匀便可以吃了。我看了他的说明后，将东西逐一放进锅里，除了胆固醇高的鹌鹑蛋之外。

这间在昆明到处都可见到的小吃店，是一间建于1906年的老店，它的米线特色是汤底，其口感不俗但十分肥腻，包括那个汽锅鸡汤，可以讲是真材实料。

晚上终于来到了烧烤店，这是一间典型的大排档，特色之一是没有厕所，其二是矮凳和矮桌，看上去几乎像是蹲在地上吃东西。猪脚有三种吃法，有卤水味的他们叫原味，还有凉拌的，招牌吃法则是烧烤。我三款都点了，老友拿了啤酒，看上去十分过瘾。

这间餐厅虽然是一间简陋的大排档，但是来此吃东西的人却络绎不绝，我问老友通常是什么人来这里，他回答说："江湖儿女"。

黄油干巴菌

上等的食用菌对人体非常有益，所以大受食客欢迎，酒楼食肆采用的多数是常见的菌类，当然也有像松茸菌、鸡枞菌等一些高档货，近年有中餐厅将法国黑菌入馔，成为美食。其中演绎得比较好的，有我老友利师傅的黑菌炖花胶。

我喜欢吃意大利的宝仙尼菌，每年9月是它的盛产期；前段时候也品尝过几次荔枝菌，不毁不誉，应节之物，让我念念不忘的是干巴菌。干巴菌是众多菌类中非常特别的珍品，要吃上乘的，就要到原产地云南，即摘即吃才可尽享其味。不然，保存不当或受到温度变化等影响，都会失色。干巴菌，因当地人觉得它的味似"干巴"（风干肉）而得名的，它又叫松毛菌香球菌、牛牙齿菌，每年夏秋季是最佳食用期。此菌生长在云南高原的马尾松、思茅松等松树的根部，与其他菌的区别在于它没有菌盖、菌褶和菌杆，形似牛牙，幼嫩者呈黄褐色，老熟的呈黑褐色。由于生长环境，干巴菌的沙特多，制作颇费工夫。

一次，老友闫涛特意从云南老家带来干巴菌，真令久未操刀的我手痒，拿了牛油（黄油）与泰椒去炒新鲜的干巴菌，菌香味浓、有嚼头，在泰椒与牛油的烘托下，更突出其与众不同的风味。品尝此等美味，斯文不了。一大盘干巴菌不一会儿被一扫而光，剩下的是颊齿间的余香，经久不散，成为弥足珍贵的记忆。

佛山功夫与阿房宫

佛山的功夫，是因为黄飞鸿而闻名。很多人以为黄飞鸿是佛山人，其实是南海西樵六州村，同乡也，因此我与黄师傅还是同拜一个祠堂。叶问之后，佛山又刮起了一股武术风。来到佛山，眼球不时都给一些功夫元素的东西吸引。无论是瑞士酒店、洲际酒店还是石湾陶瓷博物馆都会看到以功夫作为题材的艺术品。

在洲际酒店的大堂巧克力店里，除了看到以巴黎铁塔作为造型之外，还看到了以功夫小子为造型的巧克力。此举可以刺激到海外来宾的眼球，也能够体会到当地的功夫文化。

我喜欢三楼的中餐厅。门口的茶歇很有感觉，茶具摆设颇有"道法自然"的风范，没有那些传统茶艺摆设的拘谨，置身此地让人顷刻之间就可以放松下来。走入大厅，屏风的设计大有典型的中国特色，走廊的墙壁又用了木雕作为装饰，设计师独特的心思就是从这些细节当中一一体现。

最吸引我的还是厅里的字画，全部是故宫中藏画的仿真品。模仿清代袁耀（江）的作品《阿房宫》极具特色，画家将它作为一座行宫表现，少界面楼台作品中常见的板滞气，加进了山水画的灵秀明丽，使画面活泼而不失庄重，清雅而不失高贵，山、水、树木、水草等自然景观与人工所建亭台楼阁合为一体，互为映衬，显得造化天成，毫不牵强。

由于阿房宫被项羽一把火烧掉，历代画家只能以杜牧的《阿房宫赋》当中的字句作为依据，进行创作。"蜀山兀，阿房出。覆压三百余里，隔离天日。骊山北构而西折，直走咸阳。二川溶溶，流入宫墙。五步一楼，十步一阁。廊腰缦回，檐牙高啄。各抱地势，钩心斗角。盘盘焉，囷囷焉，蜂房水涡，矗不知乎几千万落。"。作品对阿房宫的气势磅礴进行了描写，同时又是对阿房宫与残暴、昏奢的秦皇朝在顷刻间土崩瓦解的讽刺暗喻作者当时所处的社会环境。字画也好，诗赋也好，我更愿意坐下来细细品味，慢慢思考。

佛山石公仔

在洲际酒店大堂吧叫了High Tea（英式下午茶），这里的High Tea一反传统，不是用传统银制的层架而是采用意大利式的陶瓷碟，将点心平放呈上。Hight Tea的食物就是那些只要上了档次的酒店就八九不离十的品种，这里也没啥特别，可以留着肚子准备去吃葱油焗海豹蛇。去往吃葱油海豹蛇的路上，经过石湾陶瓷城附近，想起了当时来这里拍摄的情景。我被一个街边的风栗档吸引了，这是一位中年妇女，拖着板车，尽管寒风凛凛，还停靠在路边兜售。我过去挑风栗，她很细心和我讲解风栗的来路，我说跟她拍张照吧，但未想到，妇人十分害羞，连忙避开。哈哈，这时导演已经叫埋位，我也走开，准备拍摄。

拍摄的地点是南风古灶，这个"灶头"始建于1506年，明朝正德年间，至今已有超过五百年的历史。由于它并非官窑，其工艺品在民间得到了普及，可谓一种草根文化。自明清至今，历代工匠们在这里弄了不计其数的公仔，当中有屈原、钟馗和关公等民间喜爱的作品，手法各有特色，面貌长相各具神采。古灶也不乏花鸟，造型生动，栩栩如生。

其工艺品之所以能普及，是因为多数带有祈福、吉祥的寓意。尤其是在建筑方面，南方人喜欢把这些公仔摆在屋檐和屋顶之上，也形成了一种浓郁的地域风情。

广西芝麻剑

这里所聊的"剑鱼",并非人称"活鱼雷"的剑科鱼类,而是与钳鱼的吃法别无二致的江鲜—芝麻剑鱼。这种剑鱼身带芝麻斑点,故而得名。剑鱼的级别以其大小来界定,大者为佳,通常500克左右的也就不错了。

剑鱼产于广西来宾市的柳江河,柳江发源于贵州省独山县南部里纳九十九滩,上游称都柳江,是珠江流域西江水系第二大支流,也是广西水资源较丰富的河流。柳江河中布满石头,这种爱吃石粉、小鱼和小虾的剑鱼便是生长于此,而且柳江河的水流较急,亦令剑鱼的肉质结实,鲜味十足。原因是鱼肉的结构多与其生长的水域有密切关系,这也是为什么野生鱼跟自养鱼在口感上有那么大区别的原因。

剑鱼以焖法居多,焖鱼是常见的菜肴之一,此法适合南北口味,而且老少皆宜。

原因多为酱油、大料和香料等基本是各地菜肴在不同程度上都会用到,口味差异不算太大。喜欢吃鱼的人多着,但有些人也会害怕鱼的腥味,这多与制作的手法有关,其次是食材。饮食行话把死鱼叫做"大池"的鱼,通常这些鱼不能清蒸,多用来油炸或焖制。这种做法常给人感觉不新鲜的鱼才会用来焖制,其实这是很冤枉人的。不过,拿鲜鱼来焖制也不难吃得出来,鱼质的光泽和肉质的纤维感是难以"化腐朽为神奇"的。

仲夏啜黄泥螺

走在宁波的街头上，感觉到十分潮湿，夏天来临的宁波一般都会有这种湿闷的气候。我们来到了市中心的"旧"建筑群，这里是新街做旧貌，里面有一些食店、茶馆、同仁堂药铺等等，我看了一会儿，还是决定到天一广场吃海鲜算了。

宁波自古以"四香"闻名天下，当中的"鱼香"说的是宁波海鲜，因其地处长江入东海口，是咸淡水交汇之处，但凡这些水域，都有上乘的海产。由于地域、水土和饮食习惯的关系，宁波菜带咸鲜，海鲜以蒸、烤、炖的为多，生食和葱油煮的也甚有风味。

宁波菜留给我最深刻印象的是蟹糊，它的特点也是咸鲜，在宁波，吃新鲜的蟹糊要比罐头的好吃得多，谁都知"阿妈系女人"，这也是吃东西的妙处。不过，更妙的就是不同的餐馆有不同的口味。

我们一行来到石浦海鲜，店铺里的海鲜琳琅满目，我最喜爱吃的蟹糊、黄泥螺和带鱼都一一展现眼前。黄泥螺以葱油的吃法最为鲜美，大大个的泥螺，煮熟后就变得像蚬肉那么小，吃时要有耐性，就好像与刚刚认识的女朋友亲吻一样，慢慢用口唇和上颚，将螺里的肉啜出来，这些东西越吃越想吃，所谓"上瘾"是也。但这次吃的蒸带鱼就大失所望，远远比不上苏州的吴越人家，不堪一提。

宁波菜是上海菜的基础，所以浓味、酱味的食物也为海产之外的特色，宁波人、上海人对红烧肉百吃不厌，等于广州人吃白切鸡一样。一方水土养一方人，老生常谈。

地道新疆味

最近品尝了多款新疆美食，像骆驼筋、羊肝、羊脾、羊肉串、手抓羊肉、恰玛古勒羊肉煲、牛脸等，博格达餐厅的食材由新疆空运而来，在烹饪手法上厨师保持着当地的传统。恰玛古勒羊肉煲，"恰玛古勒"是新疆特产，在维吾尔语中是"圣果"的意思，它是沙漠上的一种植物，我觉得它既像头菜，又像萝卜，吃起来却像柚子。这道羊肉煲用来炖汤的是天山的冰川水，其口感甘甜清爽，这与城市用自来水作汤是绝对不可比的，羊肉也不带半点膻味，这时还见大厨加入了一些胡椒和秘制的东西。

吃了新疆一种香肠，叫做熏马肠。以前这种马肠只有在农家地方才能做出来的，因为要靠住家炉火的烟来熏，而且空气的湿度不能太大，不然就失去香味。再往回追溯，熏马肠最初是游牧民族为了保存好食物过冬而做的，当时用的是被称为"天马"的伊犁马作为原料，这种马的肉味浓，烟熏风干后，越吃越有味道，再加一杯"伊力特"，近乎完美。

新疆的烤羊脾也是非常美味，但不多见，因为每只羊只有一个脾。

根据当地的风俗习惯，这样的美味佳肴是用来招待贵宾的食物，也被视为补身的一道佳品。

当地有一种羊叫"大尾羊"，新疆人说它"走黄金路，吃中草药，喝冰川水，睡金石窝"，厉害吧？后来我有朋友看了我拍摄的节目，请我帮他在新疆餐厅预订一只烤全羊，我很乐意，他吃后致电连连道谢，我问他花了多少钱，他说，一千七百多。

青岛尝鲜

琅琊台是秦始皇当年统一中国后三次登临的地方。修士徐福领旨出海寻找"不老之药"亦是从琅琊山起航东渡。

我们驱车前往青岛著名的"八大关景区"。过了一段路程，就是我们这次的目的地—万鑫餐厅了。

此处并非万鑫餐厅的原址，以前它在水族馆附近，店内只有几张桌子，以几个招牌菜起家。现在不同了，餐厅内既有鱼池，又有农副产品的展示，已是今非昔比。我们一行6人刚好是最好叫菜的人数，在青岛吃饭讲究坐台的方位顺序，他们有主陪、副陪，主陪在乾位，副陪在坤位，其他便按宾客的身份来排列就座，这些都是为餐桌间敬酒而设，亦为当地的一种餐桌文化。

我点了几个招牌菜,印象最好的是鲍鱼,虽然比不上在獐子岛上吃野生的,但至少保留了肠和肝,而且洗得干干净净,一点沙也没有,吃上去十分甘鲜。肉末海参虽然名气大,但平平无奇。以番茄煮海蟹,吃到它的鲜味,但对于常吃海鲜的人而言,只是家常便饭。不过用虾毛(小虾)肉松炒韭菜,味道却出乎意料地诱人,所以并不是便宜没好货。还有红烧黄鱼,也算得上美味了,它们的红烧汁味和醇香,但从个人口味而言,还是甜味多了少许,不过以新鲜海鲜共衬,亦坏不到哪里去。胶东菜的这种酱汁,有时是令我做梦都闻的味道。

道口烧鸡

吃鸡的方法,大概每个人都可以说出十种八种来,但若是这炎热的夏天,要你品尝一盘热烘烘的烧鸡,虽然是香喷喷,但多多少少会让人觉得腻口,难振食欲,还是像广东的白切鸡、豉油鸡,又或者是西餐的烧鸡沙律等冷吃的食物较为适时。不过,在河南省有一道菜,叫道口烧鸡,也是十分了得的食制。

道口烧鸡源自于河南豫北滑县道口镇。以"义兴张"烧鸡店名气最大,该店已有300多年的历史,创始人叫张炳,他得到曾当御厨的好朋友的指点,烧得一手好鸡。当年清朝嘉庆皇帝路过道口镇,闻异香而驻足,在品尝了"义兴张"的烧鸡后龙颜大悦,赞不绝口。从此"义兴张"的烧鸡便成为了朝廷的贡品。

北方人所说烧鸡的做法是有别于广东的烧鹅、烧鸭之类,以道口烧鸡为例,它是用多种香料及老汤浸制而成的。当然,火候的掌控、配方的比例、鸡只的选料都非常讲究。烧鸡的味道可以说既像豉油鸡,又有卤水的风味,一般以冻吃为多,品尝的时候,把鸡拿起来手撕是味道最好的。

我曾造访过"义兴张"传人在郑州开设的烧鸡店,那天是上午11点多,店里尚未有太多的客人,老板张生过来聊了几句,闲聊间已吃完一只烧鸡。烧鸡咸香回甘、皮爽肉嫩,果真是名副其实,馋意未尽,于是再要了一只,打包带走,记忆中,好像还带些刚卤好的鸡胗和鸡肝。

此时此刻,回味之际仍垂涎三尺。

洛阳水席

洛阳自中国第一个王朝—夏朝算起,先后有十三个王朝在此建都,它被誉为"中国七大古都"之一。"古都"的美食就要数"洛阳水席",它被公认是保留最完整的"古宴",我这次专程来到位于旧城中心的"真不同"饭庄,品尝一顿这里的"历史菜"。

"真不同"建于光绪年间,原名叫于记饭铺。建店后接待过无数的达官贵人,1973年周总理也曾在这里接待加拿大总理。洛阳水席中最具传奇色彩的莫过于"牡丹宴菜"。它已流芳上千年,成名于武则天,而得名于周总理。此菜以白萝卜为主料,由精心炮制的汤底带出味道。用鸡蛋皮做出来的牡丹花瓣栩栩如生,清淡中透出浓郁,滋味均衡、调和,暗合中庸之道。

水席中还有洛阳肉片(又名连汤肉片)、西辣鱼块、洛阳敖货、奶油鱼肚、鱼翅插花、金猴探海、洪福齐天、太极八宝等菜式,也都各有乾坤、耐人寻味。

其实,顾名思义,接触过"水席"的食家们都了解,它自然是以汤水为主调,在形式上,上菜"转"如流水,其整套宴席包括了二十四道菜,故而又有"三八席"的称谓。在席中,又包含了八道冷菜,而冷菜里再分为"四荤、四素"。继有十六个热菜,其中四个是压桌菜,其他十二个菜,每3个味道相近的为一组。

"洛阳水席"善于变化,虽然它在表现形式上是固定的,但其内容却能左右逢源、兼收并蓄。从最寻常的萝卜到昂贵的山珍海味都可以进入它的"流程"。既有十足的亲和力,又能体现其自身的品位。

长安城墙下

在西安饭庄吃饭，可以品尝到很多不同的筵席，这些一桌桌无论是小吃宴还是鼎鼎大名的和平宴，都是准备给游客或应酬的人用的。和平宴在西安饭庄的旧店设席，传说"西安事变"爆发当年，中共中央派出周恩来、叶剑英等代表与张学良、杨虎城两位爱国将军共商抗日大计，便是设席在西安饭庄，因而才出现了"和平宴"。

西安泡馍

这次吃到的基本上是店家的特色，尤其是"葫芦鸡"，炸出来的鸡好像葫芦形状，当中有价钱之分，鸡质较好的相对贵一点。服务员会用剪刀将弄好的葫芦鸡碎开，然后再撒上香料，便可以马上下酒。

有道"水盘羊肉翅"，在水盘羊肉的基础上加入素翅，是一种名字很好听的菜式，但我还是喜欢吃原汁原味的水盘羊肉。筵席里还有一道"宫廷蒸桂鱼"，要解释它的味道很简单，回家叫母亲将桂鱼起骨，然后清蒸便成，典型的广东味道变成了"长安"的宫廷做法，可见菜式通过包装后能产生神奇的效果。

或者因为西安的古都文化，西安人在面食的制作方面非常了得，比起面食的发源地山西还要多姿多彩，就像老孙家和同胜场的"羊肉泡馍"，来这旅游的游客，大多都会品尝一下这道风味。老孙家的饭局由老友马少安排，我和老舍先生的侄孙苏老师坐在一起，他告诉我，他住在西安的时间比在北京长，除了工作外，最大的原因是喜欢这里的面食。

需注意的是，吃"羊肉泡馍"时，要先将手擦干净，然后大概花20分钟时间，将馍分成均匀的小粒状，这些馍吸水性极强，过大则效果不佳，过小则变成糊状。一起吃饭的画家黄大师把它弄成丝状，这样更好地吸收到肉汤的香气。边碎馍边聊天，好像上海的女人吃大闸蟹一样，七嘴八舌后，每人都把面前的馍弄好，服务员会细心记下属于哪一位顾客的碎馍，然后就下单到厨房，这里有羊肉、牛肉，不同味道的汤等选择，当然羊肉泡馍宴还有其他的小菜和压桌菜，但主角还是离不开这个馍。

水盘羊肉

"水盘羊肉多少钱？""你要优质的还是普通的，"服务员问，我看见牌上写着优质的15元，普通的10元，"优质的，"我说，"要不要馍，"服务员问。我想，吃了馍会撑着肚子，还是留些空间，可以吃的话再加羊肉。"不要了，"我回答。

水盘羊肉配有粉丝、木耳和芫荽，汤是清汤，面上有一些羊油，虽然会影响它的清香，多了一种脂香，不难看出这是当地的一种饮食特色。特别是在天气寒冷的时候，馍吸了羊油和汤，吃下去后会增加人体热量。那么夏天呢？可以视之为一种饮食习惯，好像欧洲人在冬天还喝冰水一样。

在西安，打着"澄城"招牌做羊肉的较为多见，原因是澄城是一个盛产牛羊的地方。水盘羊肉的羊一般没有膻味，只有羊肉的香味和香料的香气，令人吃完再想吃。结果我又再叫了一份，是优质的。

晚上在城市里走动了一下，问司机哪里有水盘羊肉吃，他说有个好地方，我说，就去看看吧。司机是个馋人，所以听到他一边说话一边带着唾液的声音。他嘴巴还说着"最喜欢吃水盘羊杂，""爽爽的，又香。"我们到了目的地，我看了环境十分一般，没有下车，问司机优质的多少钱一碗。他说，"十二元。"我想了一下，"还是打道回府吧。"司机很有礼貌，体现了旅游城市打造出来的形象，游客就是上帝。不过坐西安的车千万不要穿着丝绸,因为在夏天,90%的出租车都会放上竹席在座位上,可能是为了凉快吧。我想这个丝绸之路的出发地是不适宜穿着丝绸坐出租车。

第二天,有部私家车也很有礼貌地问我去哪里,那天我刚好穿着丝绸,看一下车里没有铺上竹席,我问他去大唐芙蓉园要多少钱?他说十元便可以,我便上了车。司机也很有礼貌,跟我说起了西安的历史,还有大雁塔的渊源,唐三藏也拿出来说了一番。只不过跑了一段路,我看了一下不对劲,十元的价值不可能跑这么远,我跟司机说不对路,他说带我去大唐芙蓉园附近一个卖玉的地方看看,买不买东西无所谓,但他可以赚到3公升的汽油票。又走了20分钟路程,这天我约了饭局,还有水盘羊肉等着我呢,但又骑虎难下,想起了广东一句俗语:光棍佬教子,便宜莫贪。约会迟到了!

长安钟楼

说到便宜莫贪，尤其是去到一些古玩街，往往会被小贩甜嘴诱惑到。西安是一个古都，很容易使人联想起地下挖出来的东西，其实近年不断恢复唐代的原型，像大唐芙蓉园等，当年歌舞升平的皇家园林，现在又可以重现眼前。

在这条卖艺术品和杂货的街上，饮食店也林立，尤其是清真的食物。我很快被一间水盘羊肉店吸引，原来老板是好友马少的朋友，老板仔细给我介绍了羊肉的来处，他们采用靠近西藏出产的羊肉，这种羊肉属于山羊，最小的个子都有六七十斤重，但煮后一点膻味都没有，实属难得。

在羊肉店附近，就是西安的钟楼了，外观保持完整，是西安的标志。钟楼附近有个鼓楼，继而是旧城墙，城墙可以走一圈，因为它围着西安整个市中心。在城墙上有很多游客观光，亦有不少人在跑步锻炼身体。城墙走完一圈为13公里，边走边看。西安的马路规整，走在城墙上可以看到，以钟楼为核心放射出去分为东南西北大街，像法国巴黎的凯旋门一样，都是以其为市内道路的中心点。

伪满皇宫

长春的绿化面积比例很大，所以有人称之为"森林城"，就算走在路边的公园，亦会看到很多薰衣草等植物。在"社会主义新农村"附近，就有个叫"御花园"的薰衣草公园。走在整洁的街道上，闻着从花草树木透出的清新香气，自然会感觉心旷神怡。

"社会主义新农村"其实是一个食店，以"文革"时期的格调进行装修和陈设，其实是农家菜的包装版。这些年来，我不时会在各城市碰到这种类型的餐厅。大门口设有明档，都是一些农村菜，我们点了几个，服务员把"麻将牌"给了我，我跟服务员说，"'社会主义新农村'现在也打麻将了。"其实此"麻将"非那"麻将"，每一种"麻将"代表了一种食物。到了餐桌后，交给服务员，他们就会送菜上台。

我们点五花腩和猪血肠的杂烩，用的菜是东北的典型腌菜，风味跟俄罗斯的腌菜接近。在冬天时，东北很多家庭都自己腌这种酸菜，是当地的一大特色。这个菜的食味虽然挺香，但过于肥腻。另外有款酱焖的鲤鱼，这里的鲤鱼跟南方的不同，它的鱼鳞不会太多，但鱼质就非常一般，酱味还是挺香的，不过又是太肥腻，有"计划经济时代"的风格。酱骨，这盘骨一定要新鲜吃，它的特点是酥嫩，香料味重，猪肉质牛肉味，就是味道过浓，东北菜的特点之一。

在吉林省会, 还有一个必去之处—伪满皇宫。

溥仪一生三次为"皇": 清朝末代皇帝、张勋复辟时做了12天皇帝、伪满洲国皇帝。溥仪的皇帝生涯里, 最后的皇宫就是伪满皇宫。伪满皇宫在长春市东北角的光复路上。走进伪满皇宫里面, 当中的花园基本保留了原貌, 有点日式风味。同德堂是后来日本人建的, 溥仪没有在那里住过, 估计其中的原因多样, 有种说法是溥仪害怕日本人安装了窃听器, 在离开伪满皇宫前, 他一直都住在辑熙楼里。其实溥仪所住的宫殿, 只不过是一房一厅而已, 当然旁边还有一个中药房, 中药房旁边就是婉容皇后的寝室。自从婉容和溥仪的手下私通后, 就一直被"软禁"在此。溥仪的房间对面有个很大的厕所, 他在皇宫的10多年来, 所有的伪文件都在厕所里签批的。

皇宫门口有一间新建的伪满皇宫御膳酒店, 是借助皇宫的名气而建的一间食肆。这里经营高档的菜式, 大部分是粤菜, 我看餐牌亦有鲁菜和当地的一些特色菜, 试了鹿肉, 口感算得上软稔, 但有些难以入口的浓缩鸡汤味道。另一道菜榛蘑炒肉片着实不错, 榛蘑是当地的特色菇菌, 虽然现在不是季节, 但能吃出其自然的香味。

在长春, 高档的菜馆, 都是粤菜。但我们没有必要在外地吃粤菜, 所以就找了一间当地人说不错的餐厅—满春园, 叫了一碟带鱼, 这菜做得不错, 汁酱味道跟焖鲤鱼的相似, 但鱼的口感就上乘得多。本来还有一个猪蹄, 是招牌菜, 但我们来迟了, 留下一些遗憾也好。

港式私房菜

"在平民百姓的住宅区内，有道木门忽然打开，你必须迅速闪进去，要在警察赶来之前关上。"香港的私房菜真的十分流行，曾热播的无线剧集《翻叮一族》都用上了私房菜的题材，夏雨饰演的戴顾东在茶餐厅生意失败后，专心钻研独门"火山炒饭"，最终与煮得一手好菜的商天娥（饰崔喜喜）合伙开设私房菜，当中更是笑料百出、妙趣横生。由此可见，私房菜已被公认为香港一种有代表性的饮食文化。

特色茶餐厅

香港曾举办过"十个最代表香港的设计"，评选结果出人意料，茶餐厅排名第一。香港的茶餐厅，浓缩了香港这个多元文化社会的种种元素，是地地道道的"香港制造"，所以茶餐厅早已成为香港文化的一部分。经营得好的茶餐厅也可以做到上市，如"翠华"就是一例。

香港茶餐厅的兴起与其社会的发展是同步的。由于金融业、服务业、娱乐业、资讯业等的发达，相当多的人上班是不设时限的，况且许多白领都有下午"三点三"（3时15分）喝茶的惯例，这就需要有随时随地能吃能喝的地方，茶餐厅应运而生，完全满足了这种需要。

香港的茶餐厅一般面积都不大，但营业时间长，价钱实际，吸引了不同类型、不同时段用餐的食客。茶餐厅的早茶、午饭、下午茶、晚餐、夜宵，轮番应市，不少茶餐厅还做外卖，兼营盒饭和面包西点，品种丰富，其标志性的是奶茶与鸳鸯（咖啡茶）。

相比于英式下午茶（High Tea）又或是酒店式的奶茶而言，茶餐厅的奶茶更受香港市民的青睐。几年前香港来客老是唠叨"广州没有一杯好喝的奶茶"，此话不假，但当时广州又有多少人喜欢喝奶茶呢？所以，登陆广州的第一批茶餐厅大多是"水土不服"。直到现在内地还有人以为，茶餐厅就是喝茶的，要不然就是以茶来烹饪菜肴的。

广州第二代茶餐厅有了前车之鉴，在口味的兼容性和文化的融合上相对进行了提升，也更本地化。

现在上海的茶餐厅比广州还多，在装修上也更讲究。过去上海女人经常去咖啡厅喝咖啡，现在去茶餐厅喝奶茶的多了。这大概也是一种文化的融合吧。

Racky 私厨

《优悦生活》老编打电话给我，想在香港找几间优质私房菜，这些年来我在香港也吃了一些不同形式的私房食肆，其实这些私房菜已经是跟最早的有所不同，因为他们现时的经营已经有领取营业执照，只是规模的大小而已，不过他们的经营模式仍然保持着私房菜的格局。

我们第一站来到湾仔道的"Le Mieux Bistro"西餐私房菜。"我希望我做的能宜中宜西，"Ricky说，这位具有30年五星级酒店经验的大厨十分有心思，他以法、意两种菜式为主打，但当中会融入本地饮食的元素，可视为港式西餐。

那天，Ricky准备了两道菜，一道是"煎鸽子肉"，鸽子外皮香脆，软滑入味，铺上无花果，加上装饰，极赋法国风味。而"烟熏鳗鱼意大利面"精髓就是里头的汤汁，需用龙虾和其他海鲜熬上一天，以它配意粉，味道浓香，意粉爽滑。

这里最大的特色是自带葡萄酒不用开瓶费。

"苦尽甘来"

皇帝大婚吃什么?"绉纱卷"、"同心结"、"羽扇生香"……这些菜肴在TVB电视剧《万凰之王》中皇帝大婚的情节中出现。"御用大厨"就是"富家私房菜"的李文基。本次行程的第二站我们找到了"一哥"杨贯一的大弟子李文基。

基哥年轻的时候跟随师傅走南闯北,经过20多年的研究和改良,整合了不少自己的私房菜。"我为厨如作画,讲究创意",基哥以性情为厨,"从前看日本纪录片,老厨师退休后住郊外,每周只为追来捧场的食客老友做一席,所有材料都亲自出去细细找,席席精湛有创意,这才是我的理想。"

"苦尽甘来"这道菜式就是基哥当时思考自己一生历程中悟出来的,用榄菜肉碎炒苦瓜,不加水不加糖。"咸鱼鹅肝酱炒滑蛋",这个菜式的味道丰富,火候能够尽显私房菜的功夫。基哥的样貌与李嘉诚年轻的时候十分相似,有一次的士司机就认错了他,"李生,很荣幸能够为你服务。"

私房菜的环境、气氛营造是重要环节,虽然,餐馆老板不一定是会煮出几道绝活,但是老板的品味是起着决定性作用的,如要假手于人的话,就不要开私房菜了。这也是私房菜的独特之处。

"金门庄"

我来到了娥姐私房菜，又称"金门庄"，娥姐常参与很多饮食节目，久而久之，名气就大于她父亲创建的"金门庄"私房菜了。娥姐由金庸先生的儿子"第八代弟子"介绍给我认识。娥姐的外表很有食相，给人一种开心的感觉。其实娥姐继承了她父亲的衣钵，加上自己酷爱饮食，就制造出数款自己的看家招牌菜。餐厅只有三桌半的坐席，主要做熟客生意。故预定的菜式出品都会相对稳定。

我走进厨房看她炒桂花素翅，旁边有三只没做好的"酱油鸡"，盘下面承载了一些秘密，我闻了一下，淡淡的豉香味诱人味蕾。娥姐说："这鸡还未做好，是茶香薰鸡来的。"这天我只是吃了"桂花炒素翅"，留待下一次再吃她的拿手鸡肴吧。

澳门咖喱牛腩

咖喱牛腩，用来捞饭是一流的美食。当然，前提是要咖喱做得好。一般来说，咖喱汁里可加入椰汁和花奶，令它口感更加香滑，但这只是中国人或者是南方人的喜好而言，因为加了这些奶制品，会将咖喱的香料味减弱，过多的奶制品会影响到咖喱原来的风味。

不过风味是每一个地域互相形成的，像蕉叶的咖喱蟹，懂吃咖喱的人会说它像葡汁，但它家的咖喱是最多人接受的。难道可以说接受的人不懂吃咖喱吗？这就是吃东西的精彩之处。每个人对美食的喜好就跟找对象一样，而跟咖喱配搭的对象就非米饭莫属，印度的米饭捞咖喱可谓精彩，他们选用特殊的米，蒸熟好的米饭的长度就好像女孩子的指甲一样，这些饭又瘦又干身，与咖喱牛腩的香料和咖喱油一起拌着吃，简直为人生一大美味。

好吃的咖喱牛腩不容易找，因为大部分咖喱牛腩都不是即焖即食，放进冰箱再重新焖煮的牛腩大部分都口感硬实，韧得难以入口。虽然我对牛腩百吃不厌，但翻热的牛腩却不喜欢。

香港"九记"的咖喱牛腩很有名气，还有"镛记"做的味道也不错。澳门有几家咖喱馆的出品也很不俗，特别是"咖喱文"，我去了几次，就是为了吃那里的咖喱牛腩。焖得松软的牛筋腩，配以秘制咖喱，口感一流。如今想来，还很回味。

后来又去了几次，基本都吃不到，因为节假日和公众假期都不营业。听澳门友人说，咖喱文虽然已经分了家，但分家后所开的店铺，都是保持上一代节假日休息的传统。

福建味道

福建是我国古代海上丝绸之路的起点。在宋代，福建的泉州是中国的外贸中心，比起杭州更有商业地位。泉州地处福建的东南部，是福建的经济中心，有大量的贸易往来，自然地也促进了饮食方面的发达。

海蚬炖牛肉

来到福建东南沿海的晋江市，好友庄生从市郊的一个农家里购回了一大煲牛肉，兴奋地跟我们说，"我们今天以这牛肉来配名庄酒，这种牛肉是用蚬肉来焖制的，店家每天从渔民处收集新鲜蚬肉，与牛肉一起焖煮，其实是炖，限量销售，很多人都开车到那里打包回家的。"原煲牛肉被服务员在餐厅里煮开，散发出阵阵的香味。我先拿了一块品尝，蚬肉的鲜味与牛肉结合后产生了一种独特食味，可以用"牛肉里很有鲜味"来形容，难怪有不少的捧场客。其实这种牛肉的吃法与清汤牛腩基本一样，不过汤底更加香浓一点，没有下味精是关键所在。

福建街头小吃

　　泉州的海产资源丰富，海产食材繁多，有一款小食叫白灼八爪鱼，在农历的四月至十月是最佳食用期。当地有家名叫章鱼昌的食店，老师傅庄铭昌所制作的八爪鱼最为鲜甜爽美。请教老师傅，他说秘诀之一是把煮至刚熟的八爪鱼以井水过冷河，等同于新加坡的海南鸡煮熟后泡冰水一样，令其爽脆；其二是采用隔年发酵的汁酱作为佐料，这汁酱选用当地的大蒜、老姜、酱油、陈醋等原料秘制而成。至于其三、其四的秘诀，他就没说了。

　　"土笋冻"是福建特有而又大众化的美味，到过福建的人大多会吃过它。说到土笋冻，当地人都会说一个典故。当年郑成功攻打台湾时，曾经有一段时间粮草紧缺，而郑成功又一向治军严明，从不向老百姓索取任何物资。当时驻军所在地离海滩不远，饥饿的士兵们便到海边收集"土笋"代粮以作充饥。土笋是一种跟蚯蚓有几分相似的软体动物，这种小动物生长在浅海滩涂里，颜色呈灰白，形如圆筒笋状，故被人叫做土笋。那时的郑成功虽为全军主帅，也跟士兵们每日都以土笋煮汤为食。但他军务繁杂，时常废寝忘食，每每由将士返热土笋汤再行进食。有次他不想劳烦卫士，把晾冻的土笋汤直接饮用，这时的土笋汤已成啫喱状，但味道却比热吃鲜美。无意之中由郑成功成就了这款土笋冻。之后，土笋冻就广为流行。虽然是一种传说，但这款独特的福建美味却一直深受食客青睐。

泉港尝鲜

这天来到了福建中部湄洲湾南面的泉港，来这里的目的是吃海鲜。泉港是一个深海湾，所以这里有很多上乘的海产食材。本来从泉州开车过来的车程不到1小时，但是途中去了趟湄洲湾的妈祖庙，这是中国的第一个妈祖庙，行船的人多信奉妈祖。

妈祖原名林默，因生前出海救助过不少渔民和商船，死后被尊为海神。历代朝廷还敕封她以"天妃"、"天后"、"天上圣母"等尊号。妈祖庙历史上经过几次修葺，雕梁画栋，金碧辉煌，是全球华籍海员顶礼膜拜和海内外同胞神往的圣地。翻阅资料得知，全世界华侨聚居地有妈祖庙不下千座，其中台湾就有580多座。每逢农历三月二十三妈祖生日和九月初九妈祖忌日，庙宇内外，人山人海，香火鼎盛。

从妈祖庙开车到泉港要两个半小时，当天来到泉港已是下午四时了。我们带了些葡萄酒，预早订了一家叫"蓝湾海鲜"的餐厅，这里的餐厅大多开设在海上搭建的平台上，要坐船过海才可到达。海鲜养在海上，以渔网围养，你要吃什么海鲜就即点即捞上来，是最新鲜的吃法。

泉港的花虾鲜甜，样子跟北海的相似，但这次吃的更加细嫩鲜甜。留下较深刻印象的是渔家炒米线，他们把新鲜的小虾、小蚝等海鲜与福建米线一起炒制，鲜味突出，菜肴的火候拿捏得当。然则虽是香口，但碟底里剩下了很多的猪油，这些"可口"的食物吃多了会令人后悔。

珠海领鲜

珠海从昔日一个经济落后的边陲小县，一跃成为新型花园城市。到过珠海的人，大多都会被其宁静、休闲的感觉所吸引。珠海顾名思义，海鲜当然是一大特色，若来此一游，定不能错过尝鲜的机会。

我跟郑达食瘾大犯，于是决定一起到珠海，早上8点30分从广州出发，10点便到了。还约了好友老许在唐家会合，然后开车到"朝阳"海鲜市场，这是珠海最大规模的海产市场，专程来看看辜先生和他经营的鱼档。

上次在老许的私房菜馆认识了辜先生，他是潮汕人，做海产生意多年，手上有不少的"靓货"。"拿一条野生黑立和三刀鱼吧。"老许说。三刀鱼不错，我很久没吃了，"反正老许'不差钱'。"心想。"三刀鱼不用去鳞，这样才好吃。"另一档主说。我们一般见到的三刀鱼均来自南中国海域，渔民通常在珠江口或香港南丫岛一带捕捞，但因其惯常活动于优质的水域和岩礁周围，捕捉时极其困难，故物以稀为贵。

三刀鱼的前背隆起，身上带有三几道花纹，鱼型似刀，因而得名，通常是每年的7~9月为最佳食用期。"三刀鱼来自本港吗？"我问，"来自湛江。"档主说。其实有时买东西出处不如聚处，不要以为在有海的地方就是那里的海产。

　　上桌时，蒸鱼的火候刚好，鱼鳞下面的鱼皮和鱼脂鲜香，但三刀鱼还是比不上便宜它四倍的野生黑鱼立。黑鱼立的肉质嫩滑，味鲜且清甜，只是纤维质稍逊色于三刀鱼而已。事物之间的比较，只是相互相成的。正如老子所说的"长短相形，高下相倾，音声相和，前后相随"。站在不同的位置，又会看到不同的景象。

　　后来，老许的朋友又专门炮制了两款羊肉，为我们的饭局添了点"骚"味。其做法是清汤煲和酱焖，羊肉的质地不错，一点膻臭也没有，只有羊肉自身的香味，所以口感自然。

　　鱼与羊同吃，从字面上合成一个"鲜"字，但口感上并没有产生特别的"鲜"。由于人的味觉有别，所谓的"鲜"，也是因人而异。

第一篇 舌尖上的味道 广饮广食

广东美食扬名天下，

似那盛宴中一道令人难忘的甜品，

从广州到清远，从德庆到从化，

一个地方一种美食，每种美食都让人迷恋。

从广东鱼香到西关小吃，从农家菜馆到路边摊……

一道佳肴一种味道，每种味道都是一种风情。

大街小巷中的广珍味道

"食在广州。"上世纪陈济棠年代已有的美誉，接近一百年经历，当中的人文发生了巨大的变化，传承下来的味道，是几代人的心血，与身边的景物形影不离。广州有好多美食让人垂涎，尤其是广州各大酒家或大排档随处可见的沙河粉、乳鸽，让人百吃不厌。

荔湾湖畔乳鸽香

"一湾溪水碧于酒，两岸荔枝红似花。"这是形容西关名园唐荔园的诗。沿着黄沙大道一路寻过去，就看到唐荔园。穿过了古色古香的照壁、牌坊，尘世嘈杂被隔绝在身后，湖面上九曲回廊深处窜出来成规模的传统西关建筑、仿古画舫，配着青瓦满洲窗麻石基，衬着碧水绿树红灯；湖面上几艘小船静静停泊；路边的树丛中间或有猫儿的身影闪现或者慵懒地晒太阳；一下子，像是回到了历史的岁月里头。

真正的西关名园唐荔园已经不复存在。现在的唐荔园是由侨美集团老板杨浩益在荔湾湖上重建的。

"唐荔园"相传建于清朝道光年间，追溯历史，早年广州西关黄沙西侧一带，是闻名遐迩的荔枝湾所在地，其时一湾清水、两岸悬红、荔林飘香，名园雅居荟萃，而唐荔园更是其中佼佼者，文人雅士常聚其间，品茶尝点、啖荔之余，赋诗作词，曾留下不少精辟佳作。近代，不少名人也常到该地作客品茶啖荔，陈独秀曾即兴撰联，妙笔生花："文物创兴新世界，好花开遍荔枝湾。"

这里的招牌菜是红烧乳鸽。记得一定要趁热吃。识食之人会马上"抢"来后腿部分，照着鸽腿间就咬下去，随着香脆的外皮"咔嚓"一声，鲜美的肉汁马上溢出，吮吸一下，只觉满口肉香。顺着腿部吃上去，从肥实的鸽腿，到细嫩的鸽翼，绵厚的鸽胸，肉质纤维丰富，鲜嫩多汁，香脆与柔滑交相辉映，味道浓香。

除了红烧乳鸽，粤菜中对鸽子的演绎手法还有各式各样，这里有一道杨府功夫汤。先将鸽子肉炖成清汤，接着加入药材如虫草等，目的是提升功夫汤的香气和养分。益哥是顺德人，对于顺德菜的演绎也别有心得。那次参加了侨美食家的一个晚宴，有一道炒雀舌，用的是乳鸽的舌头，我曾到过侨美的鸽场拍节目，问过当地工作人员，也知道侨美的鸽场有十万只"种鸽"之多。每天制作的乳鸽多达数千只，炒雀舌的材料是顺手而得，只不过是工夫繁琐，因为要从鸽舌里挑选出没有刺的，鸽舌的口感嫩滑，小小的鸽舌，还没有指甲大，先用白卤水将鸽舌稍作入味，再用三铁锅将其爆炒，炒的时候讲究火候。而作料中的笋粒和榄仁是必不可少的，这就是顺德的风味。

船上的夜色难以忘怀。华灯初上，旖旎的灯光映在波光粼粼的水面，听着水声潺潺，饮一壶好茶，吃两口小吃，特别惬意和舒服。到这里来吃饭，品的不是美食，而是那一份遗落在繁华都市里的返璞归真的心情。

沙河粉的传说

"来一碗河粉"，"来一盘干炒牛河"。在广州的大排档还是高级餐厅，偶尔就会听到这样的声音。"河粉"或者牛"河"的后缀，指说的就是沙河粉。

沙河粉是广州米制粉的一种绝活，已有超过百年的历史。现在第三代传人区又生，是我的老友，经过"申遗"后的沙河粉继承和发扬的重任，就落到了生哥的肩膀上了。正宗的沙河粉一定要用山泉水来制作，最传统的沙河粉更要用白云山九龙泉的水来做。制作河粉讲究挑选米、浸泡、磨浆，蒸好后要切条，步骤严谨和繁杂。制作方法上分手工和机器两种，用人手做的河粉适合干、湿炒，而机器做的河粉适合做汤粉。这是为什么呢？原来，手工做的沙河粉用簸箕蒸的时候会蒸发许多水分，这样炒出来的粉会有很香的米味；而汤泡的粉需要比较嫩滑，机器制作时会保持一些水分，所以泡出来的粉就不会容易烂。

沙河粉究竟起源于何时，由何人所创，并没有详细的记载，但有一

种说法得到了较为广泛的流传，颇具传奇色彩，不妨一听。早在清朝末年，位于广州北郊的沙河镇上有家小食店，店主夫妻俩早上卖白粥油条，中午卖家常饭菜，生活倒也安稳。一天早上，店门口来了一位衣衫褴褛的老人，倒在门前的青石上。夫妻给老人送上一碗热粥吃。没想到，从此之后老人几乎每天都来店里吃白粥，夫妇一直都没有嫌弃，照样给他吃。

不久之后，丈夫得病了，老人知道后便说，今天就让我做碗好吃的给他开胃吧，老人用从白云山上引来的泉水浸泡大米，磨好米浆、烧好开水，再把米浆舀进竹匾上薄薄地摊了一层再蒸。一会儿工夫，米浆变成了粉皮，老人揭皮切条，加上葱盐香油，送到阿香床前。阿香顿时食欲大开，几碗下肚后，病情果然好转，他再三向老人道谢，也终于知道了老人的来历，竟然是宫里的御厨，因逃难来到此处。老人说：此粉出在沙河，就叫沙河粉吧！

番禺大盘鱼

秋天的气温特别清爽,但是广州还是比较干燥,吃什么好呢?老友何总来电,说在番禺亚运城,开了一间专门吃鱼的地方,有来自十八涌,也有来自万绿湖的水产。我本来正头痛吃的事,既然老友有约,便顺理成章赴约去。

"一方渔家"的环境给人一种悠闲的感觉,有浓厚的农家菜氛围。我们点了大盘鱼,盘是店家专门定制的大铜盘,虽然盘的材料实质不是铜,却能用铸铁做出铜的感觉,古色古香。

上菜时需要两个服务员一起抬上来,看上去十分气派,卖相亦十足,令人觉得这盘菜内容丰富。盘中有鱼、虾、蟹,还有一些带子和冬瓜,气味当中带有少许土榨花生油的香气,盘中的鱼采用了大头鱼,鱼头、鱼腩、鱼翅都是好吃的地方,鱼尾跟虾、蟹继续在盘中煮至浓缩,为冬瓜入味。

这盘大鱼的特点,一句老土话就是"清而不淡"。一盘鱼看出广东的饮食之风,将不同类型的"鲜"融和到一起,我记得以前在地摊摆档赌钱的一种赌法,也叫做"鱼虾蟹",广东人喜爱,连赌法也用吃来命名。

另外还有一道菜是古法改良版的焖大鳝,鳝肉爽口、不肥不腻,当中陈皮和柠檬丝是最重要的佐料。还有，胡椒粉也是很重要的角色。

现在有些餐厅采用的胡椒粉都欠缺胡椒味，以至吃鱼和吃粥时都缺乏了一种辛香。而姜、葱，但多时都会遇到"姜无姜味，葱无葱味"。至于说到陈皮就更不用多说了，有多少餐馆舍得用上好的陈皮呢？虽然吃东西讲究原材料的原汁原味，但若再添加一些画龙点睛的配料，能使菜肴更显美味，何乐而不为呢？

德庆河鲜偶记

尽管在餐桌上有着无尽的美食佳肴，但是海鲜、河鲜给食客的感觉一直是鲜活。食制的味道，无须以"贵"、"平"作为衡量的标准，能遇上让人食指大动的便是最好。

我到西江中游的德庆大堤游玩，此处山清水秀，堤下种满了各式各样的蔬菜，而远望清澈的江水，不时江面上还有小鱼跃起。

经过几番周折，在老友Jason安排下住进江边一位朋友的家里，于是又开始了一次美食体验之旅。到江边的渔船挑选河鲜是一件乐事，老友们选的是河虾，渔夫介绍的是西江鳝。哦！还有一种很少见的鱼，当地人称它为"吻鱼"。我则挑选了大家都熟悉的"西江鮋",也因为看中这里的沙地蒜子,就用蒜子焖鱼鮋好了。

此处不是大酒楼,全是家常做法,河鲜捞上来即蒸,这些河鲜比寻常的那些更为鲜甜。沙地蔬菜与众不同,像"河鲜煮萝卜",其味道是可想而知的,连蒸鱼上面的姜葱的辛香味也带有大自然的气息,蒜子的蒜香也很看口感松化。

上天赐给人间的美味,使得人们有机会吃到自然的美食,所以我们要注意保护大自然原有的秩序,不然就像西江渔夫所说的那样,"三黎鱼"等稀有品种再也不游到此处了,但愿西江鮋、吻鱼等河鲜不要步它的后尘。

德兴裹蒸

肇庆的裹蒸粽是广东的一大特色小吃，当地人叫它为"裹蒸"。我曾经到肇庆的山区采摘过用来做裹蒸的粽叶，当地人称为"冬叶"。顾名思义，冬叶在冬天是最佳的。冬叶有"正冬"和"野冬"之分，正冬的底面青绿，蒸煮后仍保持鲜绿的颜色；野冬则较为次一等。用冬叶包裹蒸是肇庆的做法，冬叶性寒，有清热解毒的功效。几个小时的蒸煮后，糯米完全吸收冬叶的颜色和香味，香气不俗。

肇庆人有冬季吃裹蒸的习惯，我去过德兴一家叫"英记"的裹蒸店，此店开业已有20多年，店家为让粽子更能保持其风味，采用新鲜冬叶制作裹蒸，所以这里只有冬天才有粽子吃。

裹蒸粽里的五香粉也值得一提。店家都有自己的秘方来调制，跟市面所卖的五香粉味道完全不同。所以肇庆人有"裹蒸世家，秘方无价"的说法。上乘裹蒸的制作严谨，无论是选料、分量，火候等都非常讲究，连扎粽的草绳都是采用当地的草，比一般的水草要坚韧得多。

裹蒸的吃法是将热气腾腾的粽子从锅里取出之后，拆开粽叶，加入切细碎的芫茜、葱和炒香的芝麻，再加上少许的土榨花生油和酱油。一口粽子一口白粥共食，肇庆人地至爱。

野生清明虾

清明时节的食物中，清明虾是一种大众都喜欢的河鲜，白灼、清蒸都能显出鲜味，若以油炸的话，适合佐酒，但常会被看作材料不新鲜才施以此法。

去过离广州一小时车程的南庄的一家海鲜舫，这里以经营河鲜为主打，像嘉鱼、和顺鱼、桂花鲈（又名大口鲈鱼）、塔沙鱼、清明虾等等，都是餐馆的主打河鲜。清明时节品尝当地的河虾是这次的美食之旅的主题，新鲜白灼的河虾上台后，第一时间就是赶紧把它吃掉，因为虾肉的蛋白质受热后释放出虾黄素，当与空气的氧分接触后，变成令人食欲大振的红色，但如果上碟后放久了，其特色会尽失。清明河虾其特点是壳薄、虾小，我认为，如要品尝原味，就不点酱料。

河虾的菜式做法很多，连传说中乾隆皇帝品尝过的"天下第一菜"也少不了它。有一款民间视为壮阳补肾的菜式：河虾炒韭菜，是清明时节的应节小菜，此菜的功效如何，暂且不谈，但是吃过此菜的朋友，相信不会对它不屑一顾。

在清明时节我曾品尝过一种清明软壳虾，同样美味无比，但后来很少遇到了，顶多就是在一盘虾里面偶尔碰到三两只，此等味道，可遇不可求。现在还有人将养虾的水温进行调整，也可养成软壳虾，但当人知道不是自然的，心里总有些反感，不知道你得知女伴是隆胸的有啥感觉呢？

一夜情

吃过茂湛菜的老友，对"一夜情"此菜应该不会陌生，饮食行家更不在话下。前阵子去了闸坡的海陵岛，与一众男女老少，共享了一顿海鲜大餐。当然，少不了当地的特色菜——一夜情。

一夜情由英文One night stand而来，通常比较时尚的人都会说它的"原装"叫法。但在酒楼食肆里则特指一种鱼肴的吃法，一般是用"死鱼"，通过盐腌（是否有一夜之长就因人而异），品种以海鱼为主，因其做法源于渔民，据说是渔民在打鱼时将鱼放入埕内，加上海盐保鲜，回岸后自用或出售，俗称"一夜埕"，或许这也是被人以与广东话同音的"一夜情"来命名此菜的原因。这个菜式好吃与否暂且不说，但它的菜名是容易让人一次便记起的，已是一个特色。

至于菜式的味道，单从味觉而言，此品是比较容易为大众接受的。所谓"咸鱼淡肉"，盐乃五味之王，分量适当的话，咸中带鲜，甘香可口。尤其是我们习惯叫的"水咸鱼"，经过盐的"作用"，烹食的味道实属不俗，而营养也得以保留，当然过咸和下防腐剂的例外。

秋风起，吃腊味

腊味，又叫腊肉。腊味制品起源于南方的农村，那时交通不便，有些家禽家畜宰杀后难交易，自己又吃不完，人们就把剩余的肉腌制后挂于通风之处，边风干边食用。

广东腊味基本是在秋后才有人吃，本地一向有"秋风起，吃腊味"的说法。腊味也是"压年"的年货。我喜欢吃腊鸭和膶（猪肝）肠，亦因其味。腊鸭，当以南安鸭为上佳，它的产地在江西大庚县，古时，大庚称为南安，南安的鸭种肉质结实，鸭味香，肥油少，颈骨、脚骨细小。经过腌制、风干等工艺便成腊鸭。南安鸭有个特征，就是它的嘴上有个珠形的圆点，这是其他地方的鸭所没有的，所以很容易识别。上乘的腊鸭咸度适中，咸中带鲜甘，而用它来清蒸是最好不过的。

再说膶肠，制作时玫瑰露酒可以起到画龙点睛的作用，此品用来焗饭非常好吃。曾试过在寒冬的夜里跟好友聊天品雪茄，聊到一半肚子饿了，突然想到从澳门带回来的膶肠，便开煲焗饭，加上少许花生油，已经是一顿美味的夜宵了。

还有一种手工操作的腊味，用猪肝包冰肉制作而成的金银膶，可说颇费心思，而且选料也非常讲究，要用猪脊的肥膘，经过玫瑰露、冰糖和盐的腌制，才可达到口感甘爽，肥而不腻。

只将食粥致神仙

翻阅资料，诗人陆游曾作《粥食》诗一首："世人个个学长年，不悟长年在目前，我得宛丘平易法，只将食粥致神仙。"关于粥食，历代典籍医书记叙甚多，比较著名的专著，就有20多部。近年问世的《美食米粥百例经典》收集流行的粥品也有240种。

广东人爱喝粥，在广东人眼里，粥不仅是主食，更是佳肴。粥底是白的，但意念却万紫千红，如果配以不同的原材料，便成了餐桌上的美食。其实广东人对粥的痴迷，除了满足口腹之欲，养生也是其出发点。具代表的算是艇仔粥和状元及第粥，他们都是岭南的名牌小食。

粥底的汤水要用猪骨煲制，粥地香绵，挂羹有亮度，吃到最后不能有"生水"。有时不一定在名店找到，偏偏在街边的大排档偶遇惊喜。譬如，我通常在广州西华路吃的那家出品就比较稳定。

虽然同根同源，但香港的粥则追求更加粘、滑的口感，有些名店做出来的粥简直像米浆，每到香港，总会帮衬铜锣湾的利苑粥铺，猪润粥便是原因，厚切猪润鲜爽甘香，与绵滑粥底相得益彰；而广州的粥要看的见米花、潮州的粥则一定要见米粒。所以，在制作工艺上三地都有所不同。潮州粥在制作时会不断滴水，以防止沸腾，使粥达到既绵香又见米粒的那种口感。

广东人喜欢吃粥,有清肠胃的传统说法,是有一定科学道理的。煮烂的米易消化,可以在一定程度上减少消化系统的负担,也便于吸收。

凉茶马尾飞机头

80年代初期,香港有一部音乐电影叫做《凉茶马尾飞机头》,讲的是无厘头路线的小故事,符合港片一贯的诙谐幽默主义。电影、曲词、画作……这些不同类型的艺术作品大部分都是反映当时社会现状,甚至连服装设计也是,不是有经济学家研究说,女人裙子的长短是取决于社会经济的发达吗?

广东人是从什么时候喝凉茶不得而知,但有记载最早的广东凉茶就是诞生在清朝道光年间。对于北方的朋友来说,凉茶不是放凉了的茶或者凉开水吗?可惜凉茶既不凉,也不是茶,很多都是要趁热喝的。

有存在,自有合理之处。广东一年有三分之二的时间都是潮湿和闷热的,广东人身体有湿有热。喝凉茶是祖先积累下来对抗潮湿闷热的良方。比广东略高纬度的四川省、湖南省尚且多靠辣椒来排解潮湿和焖热的天气,何况地处更南的广东。广州的饮用水取自珠江下游,与上游的云南、贵州不一样的是,广州的水是"热"的,以现代化学的理论来说,属于"硬水",所以广东不适合用辣椒和香料对抗闷热和潮湿。聪明的广东人学会了利用凉茶来对抗这种地域带来的身体不适。

　　粤语有个词，叫做"癀痧"，但对于初到广东的人来讲会是比较陌生。癀痧不是一个独立的病症，它是中医"整体观念"理论中的一个各种热性病总称，通常表现为热毒的临床综合症状，也就是广东人用凉茶对抗的主要原因之一。癀痧凉茶是由黄振龙凉茶的黄富强先生所创，我和黄富强因粤剧相交。黄富强喜好粤剧更是在我之上，"发烧"到自己组建了一个曲艺社，用粤剧来广交好友。

　　曾经的广州，人们用"凉茶铺多过米铺"来形容凉茶铺的盛放。那些面积仅两三平方米的小铺面，店铺内设施简单，没有摆放任何桌椅，只在柜台上放着几个瓷碗，旁边则是两三个大凉茶缸，分别装着不同症状对应的凉茶，顾客往柜台上放下几毛钱，拿起一碗浓黑的凉茶，轻皱眉头咕噜咕噜喝下去，然后舔舔嘴唇心满意足地离开……这种旧时情景估计所有老广州都不会陌生。行近广东凉茶，才知道原来凉茶一直没有老化，因为这种饮食习惯是从自己口袋有几块钱就开始了。这种选择是因为地域文化的带动，知道自己热气就要买凉茶喝，正如一只猫，感觉到自己不舒服就要找猫草吃一样，而从这种自然的饮食现象再去剖析，其实就是地域引起的人和物的情结。

生拆蟹粉

　　大闸蟹的美味是公认的, 但关于大闸蟹近年的话题不少, 我一向甚少说及大闸蟹, 更少提起它的身世以及有关正宗与否等话题。因为, 美食之物必有其特色, 也必然有人趋利以假代真, 食家们也有自身的评价准则, "难分"优劣之时, 乃一笑置之可也。所以不说大闸蟹, 却说大闸蟹粉。

　　在大闸蟹当造之时, 很多酒楼食肆往往推出以蟹粉来烹制的美食, 以显菜肴的名贵, 如巧手炒蟹粉、蟹粉扒豆腐、蟹粉扒时蔬等菜式, 不过都未给我留下深刻印象, 我回味的却是一款去年在香港东海酒家品尝的"蟹粉小笼包", 这款美食可谓原料上乘、工艺细腻, 至今回味仍会垂涎。

　　蟹粉的制作其实很简单, 在家做也可以, 拿新鲜的大闸蟹拆肉取膏制成蟹粉, 下油炒香姜粒, 然后放入蟹粉继续炒, 加少许上汤或水, 炒干便行。如果要保存备用, 可放入瓶内, 加上花生油封在蟹粉上面, 盖好即可, 放入冰箱里放上几个月是不成问题的。闲时, 三五知己在家里聚会做上几道美肴也可用上, 半夜三更用来捞面解馋亦可。

　　大闸蟹粉的口感鲜且香, 这归功于蟹膏的香滑丰腴, 金黄颜色的蟹粉更令人食欲大振, 这跟新鲜两字关系重大。如采用劣质的蟹来做, 味道便是天渊之别; 至于一旦采用死蟹来做, 就不再是蟹粉了, 而是"混酱"一撮。哀哉。

咸香鱼干

在冰箱没有出现之前，除了以冰来保鲜外，前人大都以盐、酸、风干等方式来保存海产品。这种工艺是人类在长期的实践中，随着对海产的了解而慢慢形成的一种饮食习惯，这也是世界上几乎所有濒临海洋与河流地区的居民不约而同的选择。

鱼干的形成也是如此，广州珠江口咸淡水交界水域所产的鱼干甚称美味，在番禺的十八涌一带、珠海横琴岛和沙井等地能可买到。而在种种的鱼干中，风干挞沙叫我回味，此鱼肉质特别鲜甜，风干后，特有的甘香更为突出，对于那些在口感上孜孜以求者，是不可多得的心水之物。它的咸鲜及软硬适中的质感往往让人胃口大开，尤其是在秋冬季节用来送饭，香气撩人，让人饭量大增。

除此之外，其他地方也有不少种类的鱼干，同样是别具风味。例如江西赣州的鱼干、千年鱼干，武汉的武昌风干鱼，潮州的方鱼干等。另外，海外还有朝鲜半岛的明太鱼干，日本的鸡泡鱼干，俄罗斯的鲟鳇鱼干等等。其制作方法各不相同，可蒸、可炒、可炸。在日本餐里，鱼干则大多是在烤香后用来下酒，烤香的明太鱼干下酒很美。

　　广州人叫作"鱼春"，有一种"马齐鱼子"就是马齐鱼的鱼卵，10年前我去百万葵园吃葵花鸡的时候吃过，其实这种鱼子有两种吃法，一种是新鲜蒸完，最好就在锅头直接吃，叫人怀念。另一种是我近期在番禺四桂堡吃了一道烤马齐鱼子，一个字，甘。

秘制桂花蝉

桂花蝉的学名叫大田鳖，因体上生有香腺可释放香味，加之外形有点像蝉，故俗称桂花蝉。一般公蝉比较瘦长，而雌蝉体型略宽，此等昆虫食物一直被食家们视为一种风味小吃，亦是广东有名的传统小吃。可惜的是，这种食材已经很难在餐馆里找到了。

不过，或许正因为稀有才珍贵，有些新型餐厅特地将一些少见的传统食品作为卖点引入。番禺的"四海一家"便是很好的例子。这家餐馆能找活的桂花蝉，聪明的厨师利用多种药材卤制，便成了看家的小食。

吃桂花蝉和吃螃蟹一样，有很多的讲究，刀、叉与筷子这时候已经没有用武之地了，只能返璞归真，用手代劳。先从脚吃起，其中前脚味道浓郁，应慢慢咀嚼。桂花蝉的蝉翼要一片片拨开来啜味，感受它的内味，另外蝉翼还含有甲壳素，是一种阻隔体内脂肪形成的保健食物。桂花蝉的肉带有一种极为独特的辛香味，尤其是公蝉是用来吸引雌蝉的特殊媒质。

由于大自然被污染，野生桂花蝉的数量已极少，这等传统的地方特色而且堪为有益之物，懂食、会食的人也越来越少，就像很多传统的东西，识得欣赏者越来越少一样，令人可惜。

芽菜炒大肠

有些美食，注定让某些人吃过了便永远也无法忘记，像是交往多年的恋人般。广州味道的芽菜炒大肠、咸菜炒大肠等小炒，正是这种让人永远也无法忘怀的食制，看似简单普通，实则让人恋恋不舍，轻易就能勾起对美食的渴望与回忆，或许这正是这些小炒成为经典的原因。

说起芽菜炒大肠，好吃的不在大酒楼而在大排档，并非大酒楼的厨师炒得不好，而是从厨房传菜到餐厅的时间过长导致风味大失。大排档则讲究材料新鲜、火候拿捏得当，而且即炒即食，其真味尽显无疑。

说到炒芽菜，虽家常却颇具难度，如果要考厨师的功力，叫他清炒一碟芽菜也是一种考法。芽菜炒大肠的关键是选料，猪肠分为肠头、大肠和小肠，它们脂肪的含量以肠头最肥、大肠次之、小肠最瘦。如果在炒之前先用卤水入味，就会肥而不腻，而且口感能得到提升。

但想要吃到这些风味小炒，却是可遇而不可求。有次到广州海鲜街菜馆吃饭，点了炖汤"苦尽甘来"和芽菜炒大肠、生炒北京菜心，吃到了大排档的镬气，这也是为什么餐馆火爆的原因。这种类型的餐馆在广州有不少，都是靠口碑和美誉度作为广告，让人们体会他们真正的内在价值。

所谓"大俗即大雅"，芽菜炒大肠虽为一种平民小炒，但却耐人寻味。

肥鹅肠

鹅肠，鹅的肠子，是火锅的主要食材，富含蛋白质和维生素。除了火锅店，一般在销售以鹅为主打的菜馆里，会有上乘品质的鹅肠，那当然是取材于新鲜宰杀的鹅了。至于冻品，无论是鸭肠、鸡肠还是鹅肠，已经大失本味，即使是名厨高手，也难以化腐朽为神奇。

在粤菜里，鹅肠的作用并不只是打火锅那么简单，以鹅肠做的菜式多式多样。不过能将鹅肠做出特色也绝非易事，最极品的是白灼鹅肠，当然，豉油王和豉椒炒的做法也是考师傅心思的广州家常菜。

我最为回味的是有一次在好友的农庄里，饭桌上的白灼鹅肠，略带一点肥油，原材料的处理恰到好处，烹饪的火候把握适度，食之口感自然、爽香甘腴。广州千禧路有家潮州菜馆，那家的鹅肠从潮地拿货，他们每一条卖28块，不贵。我碰了几次钉，都吃不到，于是便去找店家。店家告诉我，原来他们是隔天才拿货，并且先到先得。摸到窍门之后，终于带朋友去吃。

这种所谓的卤水肥鹅肠其实不肥，其一是卤水可以将腻气去掉，其二是店主将鹅肠里的肥肉去除大半，剩下一些贴在肠边，似肉非肉的好吃部位，我们叫它为子肠，这部位会令到鹅肠有一种回甘的口感。

现在很多地方吃的大多是经过腌制的鹅肠,它的本味已经基本上消失,大众食客对此不以为意,往往因口味的习惯而一味追求口感上的爽脆,而不计其余。新鲜的肥鹅肠,难求!

陈皮鸭汤

鸭是有益养生的家禽,但广东人无鸡不成宴,对鸭的"感情"不深,只有中秋节例外。其实在中秋,国内有很多地方都有吃鸭的习俗。在江浙各地,筵席上"全鸭"比"全鸡"更重要,而在北京,烤鸭是地标性的美食。

鸭的品种不少。海南的嘉积鸭为不俗的一种。嘉积鸭皮薄、骨软、肉嫩、脂肪少,而且带有甘鲜味,用来白切,美不胜收!还有福建的连城白鸭、莆田黑鸭都是不错的鸭种。另外有一种专吃蚬类的水鸭,广东人叫它为蚬鸭,如果遇到重约八两重,在海边野生的,实属美事,有人叫这种鸭为"水葫芦",当地人视之为滋补强身之物。这种蚬鸭非常滋阴,用来炖汤是一流的补品。

陈皮炖鸭汤是很多人喜欢的汤品,这款汤在传统的粤菜谱里不难遇见,甚至在海外有些唐人开的餐馆亦常备此菜,像法国十三区的餐馆还以它为招牌。制作此菜,陈皮起着举足轻重的作用,这种被广东人视之为"广东三件宝"之一的食材,了解它的人爱不释手。

陈皮是用柑皮（也有用橘皮）晒干而成的东西，妥善保存得越久越好，故叫陈皮。在烹调上，它气味独特，能去腥、提味。厨师用它来烹调菜品已属寻常，像有些菜式，还真没它不行。如蒸鲮鱼，只能用它不能用姜；甜品中的红豆沙糖水，没有了它，则欠缺风味。

我只要和香港"镛记"老板甘建成见面，都会探讨"吃"的东西，屈指一算，和他认识已20多年。他祖籍新会，陈皮的故乡。他家有一道陈皮鸭汤，是他先父的挚爱，陈皮鸭汤。此品无非那几道板斧，选用靓陈皮，上乘的鸭子，佐以优质水，加上火候的艺术，集成四字，心血之作。

虾子柚皮

秋天，是丰收的季节，亦是享受美食的季节。这时候，许多农产品、果产品纷纷上市，就说水果中的大个子柚，吃了它的肉，那厚厚的皮，也可以做一道好菜。

在过去，用柚皮做菜，几乎每家都会，有用鱼肠焖的、鱼腩焖的、火腩焖的，共同的特点是要求有"肥"气，够惹味。不过，做柚皮菜比较耗时，现在生活节奏快，家庭结构也有变化，在家里自己做柚皮菜，已经很少了，要品尝，可以到酒楼食肆去。

酒楼食肆的柚皮菜，工艺自然比家庭做的复杂些。首先，在选料上，厨师喜欢用泰国金柚的柚皮，其皮厚且白，香气浓；如果用未成熟的柚皮更好，皮更厚、香气更浓，那便是难得的广西沙田柚皮。

有了柚皮，先削去青黄的表皮，这表皮硬且湿，不能吃，然后用开水滚上10分钟，捞起泡浸一个晚上，等第二天挤干水分再浸，如此来回几次，意在把柚皮中的苦涩味去掉，然后切块，挤干水，用上汤慢火煨上几个小时，使柚皮充分吸收上汤的味道，收火收汁，然后用蒜头炒过的虾子煮芡汁，淋在柚皮上，上碟，便大功告成。传说制作柚皮时，还有一道工序，就是浸泡猪油。这样，柚皮十分可口，但凡有脂香的菜肴，都是香口的，但无益处。

猪油渣炒菜心

冬季的南粤地区，菜心、小白菜是叶菜的首选，而此时叶菜最为上品的，是增城菜心—迟菜心。迟菜心是菜心的一种，为何加个迟字呢，这是因为它一年只种一次，而且每年立冬前才种植，在冬至前后上市，冬至是岁晚，自然是比其他菜心迟了，故名。

增城的小楼镇一带生产的菜心，才是地道的迟菜心。小楼镇地处北回归线，这里的地质有点特殊，使菜心长如菜树，能长到一米高，但却依然皮脆肉软，茎肥叶厚，煮炒快熟，吃之甜美，很有菜味，非一般菜心可比。

迟菜心的吃法颇多，可清煮清炒，也可加肉片、猪肝、鸡杂、鱼菘之类伴炒，有人用其茎斜切成段片炒腊味，认为比芥蓝更有味道，更为甜嫩。我则认为，迟菜心白灼最佳，最能凸显其原味，把迟菜心灼至刚熟，青绿艳目，用刀叉进食，切开，或蘸些酱料，或加点盐清食，极为美味。

由于限制在一个小镇范围，其他地方移植失味，因此，迟菜心的产量不大，价格自然比一般菜心高。

近期每次去酒楼吃饭，服务员都会推荐猪油渣炒菜心，偶尔吃一点无所谓，但我合指一算，这十天里几乎每天都有这道菜。这天，我在东莞欧亚酒店拍摄时，一不留意，上来的炒菜心又用了猪油渣，猪油带香无可厚非，我说不吃也忍不住吃上几条，随波逐流。

小时候，家里总有一个放猪油的瓦盅，外婆、爸爸用猪油来捞面作为早餐，有时还拿来捞饭，那是一段让人记忆深刻的时光，物质贫乏，猪油也是上品。母亲在炸猪油的时候，我总会被那香气"勾"进厨房，偷吃上一两块猪油渣，现在想起来还是十分回味。

柱侯牛腩

牛腩，其实是广东人对牛的胸腹部薄肉的泛称。细分之下，有肉味香浓的、位于牛的前胸之处的坑腩部分，是上乘牛腩的称谓。还有爽腩部分，其带薄软胶质，爽滑不韧，这部位在烹制时容易入味，属于牛腩中之最佳部位。还有腩角和挽手腩都是爽脆软滑的部位，牛白腩则为带筋的部位。还有粗韧的腩底，其烹制时间是最长的，食家一般不采用。

说到牛腩的制作方法，其妙处在于酱汁。早在民国初期佛山人梁柱侯便创出了柱侯牛腩，因其肉质软滑，在当时不但是新品种，而且不论其味道、口感均胜于其他牛肉制品的吃法。于是，广州的食肆相继仿效，越传越远，遍及深港澳，近百年来，长盛不衰。柱侯牛腩之美味源于上乘面豉为基材制成的柱侯酱，也少不了药材香料的成分，靓陈皮则是巧妙之一，再加入冰糖使其味至醇和，也是增鲜之举，美味必然。

柱侯牛腩伴食的东西很多，但河粉是最佳配搭，米香而味淡的河粉，配以味道浓郁软滑的牛腩，河粉吸腩汁，搭配真是天衣无缝。广东街边的牛腩，卖完即止。做得好的通常都会招惹不少寻味之人。

我妹夫阿John带我去龙津西路榕树下吃牛腩粉，至今还在回味。吃的地方现在已经变成了高楼大厦，那时他们通常做生意到一点左右，好运气的可以下午两点还吃到，那就代表他当天的生意不好了。牛腩除了基本的技术元素之外，我觉得最紧要的是选择牛腩的部位以及其现做现卖的特点，牛腩一般放入冰箱后，第二天再加工，都会越煮越韧。

菇菌之美

才子李渔曾在《闲情偶寄》表示过："至鲜至美之物,于笋之外,其惟蕈乎!"又说:"陆之蕈,水之莼,皆清虚妙物也。""食色、性也",美食和美色,自古都是风流人物不倦追求的极美之物。

菇菌的独特食味,在于让人总想吃过再吃,意犹未尽。这种魅力于菇菌本质上具有一种超越大多数食品的韵味。

在阳光明媚的冬日,行车于广州番禺的长隆板块,突然便想起长隆大酒店的日式杂菌汤。那里的杂菌汤底是下单才新鲜做的。懂食的人都知道,但凡所有上乘的汤都有一种一气呵成的精、气、神,而不是不断翻滚的味道。

厨师用海鲜与松茸进行调和,闻起来微腥,滴上一两滴清酒,提升了整个汤的口感,醇和而甘香。舀上一口刚刚做好的杂菌汤入口,温热的汤水柔和地覆盖了口唇之间的空隙,滑入喉咙,化为一阵温柔的叹息。

每年在岭南的荔枝时节,同时也出现一种菇菌,大概一年也就这20几天,等同于桑基农田的"禾虫",过了又要等一年,荔枝菌的纤维口感幼细,在菌类里头它的味道属于清淡,跟个性强烈的松茸、羊肚菌、黑松露截然不同,一般以清鸡汤烹之,有人说它有淡淡的荔枝香味,其实是在荔枝树下生来的菇菌,并不一定有荔枝香气,并且荔枝菌多是生长荔枝林内的白蚁窝上。

今年有口福，与扮演"南海十三郎"的谢君豪老兄在唐府佳宴吃了荔枝菌，君豪兄很开心，回去后还在博客上写了这次的食经，一顿开心的饭局。

广东野米

俗语说："一种米养百样人"，其实米的品种哪只会是一种，少说也有上百种。日本人与韩国人喜欢吃糙米；广东人冬天煮煲仔饭选用丝苗米，黄鳝饭选用台山米，糖尿病患者吃醋米。还有其他食用的黑米、胭脂米……我却喜欢品尝一种名叫鼠牙尖的米，尤其是短造的出品米香更浓，用来煮饭口感一流。不过，今天我们不讲稻米，要讲的是另一种"米"—野米。

野米与稻米是两种不同的东西，野米只是一种草的种子，外壳不用打磨，呈灰黑颜色，野米是瘦物，所以需要肉汤煨之，而西餐通常用鸡汤。我喜欢用杂菌与之共煮，在品尝中有一种混合的香味。现时在广州的餐馆，多是用花胶、辽参共烹，广府菜最擅长将异域的食材兼容，所谓他山之石可以攻玉。

野米产地颇广，美洲与亚洲均有，但一直处于野生状态，因而价格不菲。如果与大米相比，食用它似乎有点不太实际，但如果视之为健康的美食来品尝，心理上无疑可以承受。

肥婆粥

　　这里的"肥婆"我没有见过，但却喝过两次"肥婆粥"了，其粥底香绵，口感细腻，多种配料共冶一炉，并非易事，配搭不当，便弄巧反拙。这也是肥婆粥令人醉魂酥骨之处，味道刚刚好，才是真的好。

　　按道理说，肥婆粥是由肥婆弄出来的。而这样命名，通俗易懂，容易给人留下印象。所谓"大乐必易，大礼必简"，但这简易命名的粥肴，却用了20多种粥料来烹制此物，说得上是内有乾坤。我拜读过李朝晖老兄介绍"肥婆粥"的文章，其中详细讲及其做法和粥肴的原料，他见过肥婆，应该是肥婆告诉过他粥里的玄机。

　　前些日子，我品尝了清远的数个宴席，席间还有好友——"步步高"老总谢焕雄，肥婆粥就是出自"步步高"餐厅。吃完宴席后，晚上"私下"喝了一次肥婆粥，还叫了几款地道的清远小食和点心。

　　这晚几个老友吃夜宵，看到了一条新鲜薯白，可谓难得。厨师以油盐水清蒸，不得不赞一句："清、香、嫩、滑，人间美味。"

清远鹿宴

不久前，我在清远清新的五星漂流假日酒店里品尝了一次"鹿宴"。开宴前参观了养鹿场，这里养了200多头鹿，因现在还没到交配期，所以公母分居，而到了每年的十月，它们就会群居。

在记忆中，我在芬兰拍摄驯鹿的时候，它们是"自由恋爱"的，就是说公鹿必须要抢得地盘才有资格恋爱。强壮的公鹿把其他手下败将赶走后，它就会带上大概28只母鹿一齐生活。期间会交配、嬉戏、迁徙，在这个圈子里，公鹿就是领导者。是不是外国的公鹿比中国的公鹿更为强壮？这里没有数据分析，但是中国人养梅花鹿，硬性规定每只公鹿会配上8只或者6只母鹿，原因是因为保持其鹿茸的质量，这种搭配比例应该是养鹿人的经验所得，因为养鹿人是为了取鹿茸。

这次吃鹿宴的亮点是鹿汤，用鹿尾巴、鹿鞭、鹿茸和鹿肉炖汤，材料全部是新鲜的。古往今来，大多数人视鹿为一种补品，曾经有一部电影中出现过这样一个镜头——为了令皇帝"升阳"，宫中执事取刚割下来的鹿茸血呈给皇帝进食，哪知皇帝虚不受补，吃完一命呜呼。这是对鹿茸的一种夸张的表现手法，类似这类型的补品，每人的身体情况不同，吸收的效果就截然不同。

当天"鹿宴"里还有红焖鹿筋，鹿筋的营养不俗，故价格不菲，而且在这里吃的鹿筋一定是如假包换。鹿肉是一种红肉，与牛肉有几分相似，以往曾经有人用牛肉来蒙混过关，不过细心品尝，鹿肉有一种独特的野味味道，骗不了爱吃之人。

隆冬鸡锅

隆冬雨夜，难得有一宵清闲，三两知己围炉火锅。吃什么？每个人手持红葡萄酒的高脚杯，一边品酒，一边讨论。最终，一致认同我的提议：胡椒汤清远鸡锅。

眼前这鸡锅却有另一番特色：胡椒汤底奶白色，热气腾腾中散发着微辣的香味，把清远鸡块倒入汤中。不一会儿，随着阵阵鸡香升起，捞起一看，白色的鸡肉，面上的黄皮两侧向上卷起，这种状态是看鸡是否新鲜的标准。夹住，蘸点姜葱熟油，皮脆肉爽，鸡香混合一点点胡椒味，真是少有的鲜美。助餐红酒配靓鸡，再喝一小碗汤，寒气全消。一瓶酒见底，一只鸡吃完，尚未解馋，再来一瓶红酒，再加一只清远鸡，要吃就吃个够，要是平常点菜下酒，也绝不会点上两只鸡来，打火锅例外。

"一方水土一方食材"，清远鸡的成名，是因为以往清远人将鸡运到省城广州，经过不断的积累，有了好口碑，就有了捧场客。但近年剩下多少正宗清远鸡？大家都有一个问号。而说到胡椒根，之所以有人用它做汤底，正是因为本地的水土寒凉又燥热，所以它是冬季打火锅时候受欢迎的汤底药材。

大梅沙吹桶

　　秋冬虽至，地处亚热带的大梅沙仍是"热情十足"。前不久在塞班拍摄节目，每天都与海为邻，清水椰林，赏心乐事。这次亦然，微腥的海风、炽热的阳光能让人精神爽朗，在海边来个日光浴，写意之至。

　　在喜来登酒店对面的一间馆子，专做"识途老马"的生意，门口基本都是停满"粤B"的小车，之前来过这里几次，但都遇不到"吹桶"。吹桶，就是人们常说的小墨鱼，这种小墨鱼分有籽和无籽两种，无籽的平常在市场或超市能买到，而有籽的不多，要正好碰上墨鱼的"做爱"阶段后才行，墨鱼离开海水即毙，这就是为什么市面上没有新鲜墨鱼的最大原因。

　　野生的食物讲究季节性，在这些坚持个性化作为特色的馆子还是吃到些东西，远比连锁的餐馆好吃得多。这次吃的"吹桶"是刚刚捕捞上来的，用冬菜清蒸，冬菜的咸香可提升吹桶仔的鲜味，吃后还有一股像鸡蛋黄一样的滋味，而且"吹桶"里的墨囊还是完整的，在口中形成爆浆的口感，有趣！

　　新鲜的"吹桶"与"冻货"的区别就在于咀嚼时的爽脆和鲜度，尤其是墨汁的香，不是新鲜捕捞的，吃起来就没有那种饱满的甘鲜口感。为了吃墨鱼汁，于是又专门点了一只大的新鲜墨斗。墨鱼肉用来白灼就算了，主角是墨汁炒米粉。米粉干爽，只有上乘的原料才可以做到这种效果。乌黑的炒米粉好像还吸不够墨汁，我倒入"吹桶"碟内剩下的茨汁。干身的米粉，拌上有土榨花生油和冬菜的汁，吃起来更加柔顺。

其实，墨汁本身就有一种海味的味道，由于它的颜色，给人有点"神秘"的感觉，所以漆黑的酱汁总是给人一种距离，但是它在意大利等地中海国家却极为流行。原因？因为很多人说它有壮阳的作用。

菜心炒牛肉

越是简单的菜肴越难做好，当你遇到最简单不过又让你心仪的小菜时，例如一碟上乘的菜心炒牛肉，等同遇到一个心仪的对象，回味无穷。近期不知怎么偏偏爱上了这道菜心炒牛肉，出去吃饭只要是合适的地方都会点上这道菜。数数都已经20多家，最后味道最让我难忘的却是一间不起眼但口碑不俗的小菜馆—雅苑酒家。

"我们用的是北京菜心，全部选菜远（最嫩的部位），配搭传统的牛肉片。"老板说。菜心淋甜汁，与牛肉"乱"炒之后，不做作，比起在某些将牛肉和菜心摆得整整齐齐的餐厅好吃得多。这次吃到的菜心有镬气，有卖相，听人家说他家炒牛肉前要先飞水，再用生抽腌制，最后再炒，是不是这样做是他们家的秘密，我也不会去问。

说起北京菜心，早在十九年前，就在英国走红。靓的东西价钱一定不便宜，只是看用不用得起和多不多人欣赏，所以食客对菜品质量的追求也是一种很重要的促进作用。在广州仍是夏季的时候，本地的菜心细条带苦味，北京菜心就成为了宠儿。一直到秋季九月后，广州本地的菜心才渐渐会取代北京菜心，或者是宁夏菜心。

广州人把靓菜心叫菜远，取软嫩的"软"与广州话同音的"远"。有些人用猪油或者是猪油渣来炒，我就喜欢清炒或者白灼，淋蚝油或者头抽。炒一碟菜心看似简单，但这是以前大户人家用来考核厨师手艺的试题。通常会叫厨师来碟菜心炒牛肉，牛肉要嫩而不泻身，菜心则要爽脆不软身，条条均一长度。一碟菜，即可试出厨子的刀功和火功。

"生死恋"

这天，带郑启泰和导演Jones又来到雅苑餐厅吃饭。平时吃太多酒楼餐厅的"小"菜，其实我还是喜欢一些家常小炒，而这里能给我找到这种感觉。简单的装修，有点像传统的冰室，与一些奢华但冰冷的大酒楼相比，反而感到温馨，重要的是自然。

"老板，弄碟家常蒸鲩鱼。"我来这里点得最多的，就是这碟鲩鱼。其实蒸鲩鱼没什么技巧，选用上好的原料是前提，剩下的就是火候了。可惜的是，今晚吃不到，拍摄后，来得比较晚，很多好卖的菜式都卖得七七八八，包括这个"生死恋"。这或许正是这家店用料讲究的原因,宁愿少做生意也不多拿货。

"生死恋"其实就是咸鱼蒸鲜鱼。又有"古仔"(粤语方言,即"故事"之意)听啦:从前,一艘渔船出海捕鱼,一去好几天,盐也用完了。渔民靠海吃海,基本上是用刚捕获的鲜鱼送饭,没有盐,煮熟的鱼实在难以下咽。伙头急中生智,到船舱中拿了一条咸鱼出来,与刚捕获的鲜鱼一起蒸煮。想不到,一个意外的收获,"咸鱼蒸鲜鱼"竟如此美味。

葱油海豹蛇

海豹蛇,吃得最多的是焖和打锅,葱油的做法是近年的创意,在老友李明的餐馆吃过几次,它跟水煮鱼的口感接近,但是辣味变成了葱油味。油滑的口感,让熟后的蛇肉不会变成干韧,火候恰到好处的话,就是美味了。本身海豹蛇虽然够肉感,但是肉味欠缺,聪明的厨师先将其入味,就成为了一道近年走红的高档菜。这些食制,遇到美酒,天作之合。

这天不知怎么回事,口淡淡想吃点辣的东西,原来李明老兄也是好辣之人,就连自己的酒楼也聘请了专业的川菜师傅,丰富自家的菜式。"馋嘴蛙"正是我所好,香辣麻鲜,味道进入了牛蛙内,可口回甘。之前在五羊新城吃过他的这道菜,这次算是"返寻味",不过,没有上次好吃,不知道是不是因为先入为主的原因?

我在广州番禺的南岗海鲜美食广场和这里的老总廖庆云吃过此菜，师傅做得出彩，特调的葱油一下锅，便满室飘香，待回过神来，海豹蛇已经焗在锅中。一直觉得吃海豹蛇需要的不是筷子，而是刀叉，因为吃蛇肉的时候顺着蛇的脊椎用刀一切，之后一叉，肥美的蛇肉就这样切出来了。

肥仔农家菜

有时候吃东西很简单，适口是前提，无论是几块钱还是几万块钱，都是把食物吃进嘴里。每天早、中、晚忙几遍，人都孜孜不倦，美妙就在此处，吃与性一样，是人的原动力。所以就出现了好奇心。

去寻觅的东西才觉得有价值，哪怕是山长水远。

这次去的是一家处于山腰上的农庄，表面有种神秘感，当然识途老马可以轻易找到，没有去过的最好是路在嘴边，问一下当地人"仙溪农庄"怎样走。到这农庄要由广州从化温泉靠着流溪河一条直路上山，经过从化温泉安城山庄后便不远了。

农庄从不做广告，知道的人都是互相口传的。我则是道听途说，到了仙溪农庄后，知道那里的鸡、鹅、鸭都是自己养，而且煮鸡烹鱼都是采用荔枝木作为燃料，感到乡村味了！

而荔枝木煮鹅是农庄的看家招牌菜，几个大婶在厨房忙得不亦乐乎，用毛巾擦完汗，又把荔枝木放进炉里，动作纯熟，每天都做的东西，熟能生巧，煮出来的就变成佳品了。最重要的是当中的"蒸流溪河鲩鱼"效果不错，没有江溪鱼的泥腥味，火候得当，鱼的口感嫩滑。

有人吃完后还要买鸡和红葱头，打算自己动手弄"乡下蒸鸡"，来过一把瘾。农庄的红葱头是从乡下收集的，肉质饱满，葱味浓郁，比起放在市中心菜市场的强得多。

农庄有道"葱头煎蛋"，正是红葱头和鸡蛋的香味结合，在大城市里是不容易吃到的美味。

潮式路边档

潮州菜最吸引人的地方在于清淡浓郁兼而有之，得天独厚的地理位置、丰富的海鲜种类。

像打冷的冻鱼、冻蟹、冻虾和地道潮州卤水菜式等等，形成了风味。卤水鹅肝是近年较受欢迎的潮菜，我非常喜爱此品。还有就是潮式冻蟹，我念念不忘数年前在香港九龙城品尝过创发潮菜馆的味道难以忘怀。

有一次在香港大埔亚洲电视总部录完音，到哪里吃饭呢？从那里去到深圳只不过是20多分钟的事情，干脆在深圳吃潮州菜吧。连同监制、导演一行4个大汉，叫了好友邹生在车站接应我们到福田的一条小街，从陈记潮州菜转过去就到了普宁钟记，他们说这间好吃。

深圳的潮州菜馆，基本都是潮州老汉经营的，一家大小有时真的分不出谁是老板，不过这无所谓，吃菜还是吃它的味道。他们每天把食材从家乡通过长途车运到这里，以保持原产地的食材特色。基本上，好吃的潮州小菜馆最特别的地方就是在于坚持。

那晚点的五种鱼，每种都让我们吃得很开心。普宁酱煮带鱼，带鱼很鲜甜，我叫写菜的人清蒸，他打死不干，很执著的潮汕人。不过我想了一下，之前在另外一间潮州菜馆叫了一条清蒸挞沙，出品真的不行，还是按他们擅长的做法较为保险。我看得出，这种鱼是渔民用鱼钩吊的带鱼，外皮保持完整。在苏州"吴地人家"吃的蒸带鱼没有这次的新鲜，但蒸出来有独特的味道，应该是酒的作用。每种菜系的厨师各有自己手门，勉强没有好味道。

这次又叫了一条挞沙，当然不是清蒸，是用豆酱煮。还有意外惊喜的是鹦哥鱼，有篮球运动员的手掌般大，全身颜色和嘴的形状都很像鹦鹉，非常新鲜，好运气！这么大的鹦哥鱼最好吃的是鱼头，肉质软滑、带点黏性，跟普宁豆酱混合后就是咸鲜的味道了。

有新鲜的海鲜一定要吃"杂鱼煲"，杂鱼煲的吃法有干、湿身之分，用豆酱焗香的，能够突出这些小鱼本身的鲜味。另一个是煮剥皮牛，吃法就一般般了，主要是鱼质的问题，潮州人喜欢吃小条的剥皮牛，觉得女人手掌那样长短的才好吃。

有些潮式路边档越夜越旺，来者都是有宵夜习惯的食客，其实我很久没有吃宵夜了，看到那些从酒吧喝得醉呼呼，说话像吵架的人已经很不习惯。其实喝多了，人的味蕾会迟钝，在我的看法，他们吃宵夜也是意思意思罢了，吃一些咸味、香口的东西，或者继续追酒，是自然反应吧。

汕头咸香鲜

"有多久没吃潮州菜了？"老友问。"上个月才在香港'创发'吃过那里的西洋菜猪杂汤和冻蟹。"我回答说。"是在汕头吃的潮州菜。"老友再问。"差不多一年了，"我回答。"那里有一家没有名字的大排档，早上有西洋菜汤喝，可以配猪杂，也有粿条。档主很牛，东西卖完就收档，如果你有运气，11点还可以吃到，不然就明天请早。""在哪里？"我问。"就在金海湾酒店的员工通道对面。""那我们就住金海湾吧。"

早上8点半走到了目的地，看见一个坐满了人的大排档，应该没有找错地方，我想。一个大叔在忙碌着灼菜煮粉，旁边有位大婶与他并肩而立，也忙碌地在切着猪肝和猪肉，她面带微笑，应该是为生意而开心。

我对粿条的兴趣不大，除了在巴黎13区的越南菜馆里吃陈皮鸭粿条顶肚子外，如果有其他的选择，像西洋菜汤，看上热乎乎，材料也新鲜的，就不要给这些淀粉顶着肚子，留些空间吃自己喜欢吃的东西。老友没有介绍错，过了一会，他也来到了大排档，喝完西洋菜汤后我们便去找当地的小食了。

先去吃了咸甜粽，小食店在马宫渔港妈宫庙对面的街内，店铺曾经拿过奖，所以成为了名小食。咸甜混吃，有别于其他的粽子，有点特色，但见仁见智。再走到另外一家面店，这里是吃干面的，先将面煮熟，然后下卤水汁，芝麻酱和麻油拌匀，再把卤好的猪肉切片放上佐料便可以吃了。这碗面香气非常，是实至名归的小食。干面带有自然的韧度，肉片却像日本拉面的叉烧，挺有趣的。如果没有尝过干面的老友，下次去汕头，可以试一下这家"爱西干面"。

还有一家叫"鲎（HOU）粿"粿汁店，也是地道风味，不过是油炸的，我不太喜欢，个人喜好而已。鲎粿是潮阳的乡土小食，相传是它的形状像鲎，故名。鲎，也有人称它为马蹄蟹，但它不是蟹，而是与蝎、蜘蛛以及已绝灭的三叶虫有亲缘关系的海产。分布于北美沿岸和亚洲，品种分别有美国鲎、中国鲎和巨鲎等。

吃完鲎（HOU）粿，便去找那家吃蚝烙的地方。

从小巷走进去，便闻到一股扑鼻而来的香气，这种香气带有鲜腥味道，也有蛋香和油香。不用近看就已经知道，这一定是蚝烙。蚝烙是潮汕风味，"烙"在潮州话里是煎的意思，蚝仔是本地的特产，外地人到潮汕一般都会吃小吃。

蚝烙的制作方法并不复杂，以地瓜粉、潮州蚝仔、鸡蛋等食材烹制而成。吃时配上鱼露，也可加些胡椒粉，其实这款小食虽然制作简单，但弄得好吃就一点也不简单了。

巷内有家小店，看见有一位老年妇人正在煎蚝烙，"里面的都是猪油，"另外一位妇人说。"猪油你不是不喜欢吗？"老友问我，"什么风味都要试一下，"我回答说。

这家店铺的名字叫"西天巷蚝烙"，门口有一个大招牌，妇人懂得做宣传，虽然店铺很小，但名气却很大。喜欢吃潮州菜的人应该略有所闻。老人家解放前跟随师傅学艺，那时的身份是"妹仔"，师傅去世后她自己掌勺，一转眼已几十年，现在她的儿子也开分店了，老人却还常在老店坐镇。估计是她与此结下不解之缘，故与它长相厮守。

晚饭要去吃腌蟹了。到一家老店，名字叫"老郑"，是从海平路搬过来的，所以招牌上写着"原海平路老郑"。当地人都知道这是一家资深的大排档，我是第二次来这里吃生腌蟹了，眼看盘里的蟹膏已腌成变结实，金鱼黄色，腌蟹的汁已把蟹肉腌成荔枝肉的状态，这只蟹一定好吃。

宵夜又到了另外一家大排档"打冷"，这个地方白天不可能找到它，因为是在常平路上的工商银行门口，这里的客人熙熙攘攘，有汕头本地人，也有穿着斯文的外地食客。打冷档上的食物琳琅满目。"之前吃过这里的腌蚝仔和濑尿虾，这次再试多一次吧！"我说。

竹笋与竹虫

中国人对竹笋的喜爱，非同寻常。翻阅资料，关于竹笋的诗词歌赋，历代都不乏名句。苏东坡是酷爱吃肉的人，但也赞美："好竹连山觉笋香"，后来更有"无竹令人俗，无肉使人瘦。若要不俗也不瘦，餐餐笋煮肉"的说法。竹笋鲜吃自然美味，但也有人把吃不完的笋弄成笋干，也非常可口，而油焖笋、酸笋等风味，亦是爱吃笋之人不会放过的。笋干吃之前是要用水泡过，故又名"水笋"。广东广宁人说笋干像虾的形状，故称之为"笋虾"。广宁大笋一点渣都没有，经过厨师加工后，吃起来清甜不苦。笋虾要用肥猪肉来煮，笋虾吸油，而菜式的汁里面因为有酱油和少量的肥肉，笋虾变得和味，用来下饭相当好。

广宁还有一种特产—竹虫。相传以前广宁的竹农是非常痛恨那些专门吃幼竹笋、影响收成的竹虫，所以一旦捉住它们，除了头部，都会即时吃了它们以泄心头之恨，而后来竹虫却逐渐演变成当地特色食材。深秋是吃竹虫的时候，因为这时的竹虫最肥美。不过这些虫不是那么容易捉到的，要眼力好，再凭农民的经验，在竹林里看到竹子带有黑色的斑点或痕迹，就十之八九有竹虫了。这时砍开竹子，就能找到这些家伙，一根竹子只有一条竹虫。其实，使竹子产生这些黑色痕迹的就是竹虫的尿液。厨师在制作时会在竹虫的尾部割一刀，放了这些尿液，再冲洗浸泡两三个小时，然后飞水后烹煮。用平底锅烧热油，将竹虫煎成金黄色，放入砂锅，再加入酒和葱粒焗香，就可以享用了。

紫金八刀汤

　　河源这片土地是客家先民最早的定居点之一，在此逐渐形成了客家的风俗习惯。客家有句俗语，"逢山必有客，无客不住山"。这体现了客家古邑和地道美食隐藏在群山之中的妙处。

　　过去以农耕为业，牛是农家之宝，客家人只有在喜庆时才会宰牛，吃牛肉是难得的乐事。而现在的河源有"彭寨全牛宴"。中国的北方多吃牛、羊、鹿，而客家人的祖先来自北方和中原，吃牛是一种由古代遗传下来的饮食习惯。

　　在河源，有全广东省第二大的牛肉交易场，丰富的资源形成了吃牛的文化，继而便出现了全牛宴。

　　吃全牛宴时，牛的所有部位无论是牛排、牛鞭、牛欢笑和牛柳，乃

至牛头都可以吃到。牛杂煲可谓客家牛肉的大盘菜，里面放了紫苏和薄荷叶，可以去除牛肉的膻味，而且提升香气。

　　在河源寻味，除了牛宴之外，吃猪也是一大特色，客家人非常好客，杀猪款客就是他们待客的最高礼遇。到了当地，就一定要试一下用紫金县蓝塘猪制作的"紫金八刀汤"。蓝塘猪的背部和头部是黑色的，而四只脚和肚子都是白色，可谓黑白分明。

　　"紫金八刀汤"讲究用料，猪肉要选用凌晨宰的，当地人说不要见光，否则就不好吃。"八刀汤"的关键是两个"即"字。第一个步骤是"即切"，切的部位非常讲究，猪心、猪肺、猪肝、猪腰、猪舌、隔山衣、粉肠、猪颈肉是主要材料。这"八刀"切好之后，就到第二个步骤"即煮"。用砂锅把山泉水煮开，放入切好的猪件，煮的过程中不要搅拌，以免破坏猪件的爽滑口感，煮上十分钟左右，等猪肉变得嫩白中透着淡红，"八刀汤"就马上可以喝了。

第二篇 舌尖上的文化

食之文化

正如电影、音乐是艺术一样，

味道也是一种艺术，

每道丰盛的菜肴、新鲜的食材、朴实的器皿……

亦是蕴含历史地理、文学艺术、风土人情的互相融合

细细感受舌尖上的味道，

品味的是背后深厚文化，精彩纷呈

天上三两，地上一斤

已经进入"争秋夺暑"的时节，天气变幻无常，在清晨与入夜可感到清凉，而日间还颇为闷热，是要"保重贵体"的时候了。入秋之际，人们已不会因炎热而影响饮食起居，自然也会联想到秋季里无尽的食制。

在广东秋季的进食，大多都离不开一个"补"字，除了饮食习惯以外，这也是数千年来中医在食疗养生方面的积累。在我饮食工作的生涯里，也常与这个"补"字打交道。广东人对汤水的兴趣较浓，笃信喝汤容易吸收营养和达到"补"之效用，不过这与个人的肠胃功能能力关系重大，胃肠功能不佳时进补，犹如钱包穿孔，放更多的钱币亦会掉走。因此，进"补"者自己要有自知和调节，才能真正有效。

古往今来，补身是永恒的话题。不管是中医的"固本培元"，或是现代营养学的种种说法，结合到吃，当然是口福与保健两全其美最好。这是所有人都接受的，对于"补"汤而论，所谓"好唔好都有餐食"。

我在一名中药老友张舜贤医生得到一个汤方—鹧鸪煲花胶，多年来一直推介给朋友，效果不俗。方子是用一两花胶（鱼肛），两片北芪、一直鹌鹑和八两猪肉慢火煲两个小时即可。这方子使我想到，近年，西方营养学家论证了离人类越远的动物如深海鱼虾、天上飞鸟、陆地昆虫等，其营养价值越高。这也与我们古老的俗语"宁食天上三两，不食地上一斤"不谋而合，由此也可见中医与民间的食疗研究的深厚功力和领先程度。

冰火雪糕

广东人的时髦用语甚有特色，不同时代有不同的语句。近年又流行说"冰火"两字，至于源出何处，我也难以说清。此时却自然而然地想起了久违的"酥炸雪糕"，那烫热的脆皮，与冰凉透心的口感，用"冰火"来形容，确是恰到好处。

甜品和雪糕，都是极受女人青睐的食物，曾有朋友问及我有关炸雪糕的火候怎样把握，我回答是用中高油温。朋友实践后说用最高的油温也炸不成，还被他的女人警告说不准在家里的厨房再"玩"炸雪糕。这家伙埋怨我没有将炸雪糕的招式传授。其实炸雪糕没有什么神秘之处，只是用切薄的蛋糕片包裹着雪糕，再蘸脆浆油炸便可。

在色彩斑斓和品种丰富的自助餐桌上，"小朋友"会首当其冲地去选择甜品。作为单尾的甜品，如冻雪糕饼、冻芝士蛋糕等物亦颇受女士们的喜爱。雪糕是夏天的清凉食品，美味可口。前人创造的雪糕及其典故仍充满着传奇的色彩，但无论是皇宫的膳食又或是民间的美味，雪糕总有它自身独特的个性。

现在已经很少人吃炸雪糕了，还有另一种是焗雪山。也是老掉牙的甜品。人地口味不断变化，有些传说食制也会渐渐被新的取代，像冰火二字，现在也不怎么时髦了。

盆满钵满

　　人们常提到"和谐"一词，其实在饮食中，最能体现和谐本意的当推盆菜。盆菜的吸引人之处，在于它能提供多样的选择。在盆菜最上层的材料通常是干货以及鸡鸭海鲜等，而下层则以较为吸味的原材料为主，像豆腐皮、支竹等，这种"大杂烩"形式的菜肴，总是以一种丰盛的状态吸引着眼球。

　　盆菜源于香港新界与深圳宝安一带，是一种历史悠久的传统风味菜式，很多资料记载它与南宋末代皇帝逃难的经历有关。南宋末期，元兵南侵，南宋军队节节败退，宋端宗和其子在官兵的保护下，经漳州来到九龙，君臣们饥寒交迫，由于仓促行事，地方官员来不及也没有那么多的餐具盛载菜肴，故而只能每家每户搜罗最好的食材，以木盆共烹于一锅以慰劳皇帝，想不到皇帝吃后龙颜大悦。后来，村民为了纪念他们，每逢欢宴喜庆，都仿照皇帝吃过的大盆菜来招待客人。

　　多样性选择的盆菜可以营造出一种祥和而热闹的氛围，这也是近年来很多酒楼相继推出盆菜的原因之一，而在烹饪材料的选择上，南瓜盆菜、冬瓜盆菜等新意迭出。

光皮麻皮

　　粤港澳人习惯把烧烤的乳猪叫金猪，而把烧烤的"成年猪"叫烧肉，两者合称烧猪。千年以前中原就有烧猪传到南方，到近代，却是广东人把烧猪演绎得最好，成了著名的粤菜。烧猪，很早就用于祭祀典礼，而近百年来，粤港澳地区的祭祖、祝贺、开张、动土之类，则多用烧乳猪。

　　烧肉在广东的南、番、顺，到处可买，但金猪却不能随时买到，往往要预约或在个别烧腊店、酒楼里才有。金猪全年需求量最大的是清明节，人们提上金猪去拜祭先人，已成习俗。因此，几乎所有的酒楼食肆都会在清明节期间推出"祭祖金猪"。

　　烧乳猪皮分为光皮与麻皮两种：光皮又名玻璃皮，是传统制法；麻皮是20世纪70年代开始在香港流行的，其皮表面呈芝麻粒状，口感松化。猪身的选材是最重要的，鲜货可达上佳效果，冻货则次之。一只上乘品质的乳猪，色泽金红、均匀，乳猪皮脆化口，肉香鲜嫩甜。

西关情怀

西关是最能代表老广州独特风情的景点，像恩宁路、宝华街、逢源街、多宝路这几条旧时的西关中心，清代时是广州的商贸重地，其不管是建筑还是骑楼下的店铺，无不散发着老广州的味道。

西关有很多特色的店铺，比如有家铜器铺的铜盘、铜煲，全部都是人手做的，手工很精细。那里有个"子孙桶"，其实就是一个痰罐。以前的婚嫁习俗中，如果是娶媳妇，就要在这个子孙桶中放一个茨菰；而嫁女的时候要放一双鞋在铜盆里，有铜有鞋，意为"同偕白发"。

恩宁路是一条粤剧街，我对这里很有感情。因为我妈妈是粤剧艺人。说到粤剧，就不得不提一下"八和会馆"，八和会馆由粤剧艺人建立的粤剧同仁的行会组织。最早开建在广州的黄沙，1889年迁至恩宁路至今。现在的分会遍布世界18个国家或地区，而广东的八和会馆被海内外粤剧人士尊为"母会"。

由于母亲的缘故，我对粤剧亦有深厚的感情，在我脑海里，无论是喜庆开心的"花好月圆"，还是哀怨垂泪的"梦断香消四十年"，都是刻骨铭心的。我虽然不是粤剧专业人士，但也经历过枯燥的声音训练，听到音乐，人就兴奋。

一蟹上席百味淡

"寻常家食随时节"—《红楼梦》作者曹雪芹的祖父曹寅名作《鲥鱼》里的诗句。曹寅深得清朝朝廷的信任，在江南兼办皇室用品。单就这诗句，已深刻表达出他多年搜罗贡品的心得和对美食的理解。曹雪芹深受其祖父影响，故能在《红楼梦》的美食描述里，充分体现"不时不食"的神韵。

黄油蟹是夏天里的蟹中极品，是炎夏的美食，因产量极少，物以稀为贵。黄油一蟹以"满油"或"足油"为佳。黄油蟹在高温之下，少数雌性螃蟹的蟹膏会溶解成蟹油，所谓"满油"就是蟹油已经流到螃蟹的全身，也是美味之所在。黄油蟹以野生为上品，人工养殖者，不可与其相提并论。

进食黄油蟹必须讲究"原装"，那便是蟹身完整，甚至蟹爪也不能有半点损伤，不然，蟹油就由此流失而全失其本味。食肆较常采用冻蒸或醉蒸的手法来烹调黄油蟹。我较为推崇"金龙船"酒家醉蒸的方法，螃蟹醉后动弹不能，清蒸时不因受热颤动而流失黄油，既可保留黄油蟹极鲜之味，又可使螃蟹黄油嫩滑，滋味无穷。

小吃不"小"

说到小吃，大多人最先想到的应该会是台湾小吃吧，奶茶便街头巷尾的一大卖点。

台湾小吃之所以发达，还有一段悠久的典故，清朝时汉人农民在福建开垦山林，小吃生意者便以挑夫的姿态，挑各样冷、热小吃到田边、山边供应开垦者食用，长久如此。到了初民垦荒时期，台湾的庙举办迎神赛会，人群聚集在哪小吃生意者就集合在哪，所以台湾许多小吃市集中在庙旁；近数10年，小吃街被商业规划，既有冷气，又免了日晒雨淋，小吃也被赋予现代化和青春休闲的意义。小吃的类型可谓五花八门。生煎包、蚵仔煎、肉粽、担仔面、卤肉饭、炸鸡排、葱油饼、臭豆腐、猪血糕等，数不胜数。

而说回身边的小吃，西樵大饼是我从小吃到大的。虽然我是西樵人，但是我觉得这种饼的味道却是一般。反而和味龙虱和桂花蝉，我就非常有兴趣。而佛山的盲公饼历史悠久，是佛山人的骄傲，饼里面夹的猪肉，是用幼细白糖腌藏数月后，才取出配制，吃起来甘美酥脆、美味可口。

我总认为，小吃就地取材，特别能突出反映当地的物质及社会生活风貌，可见小吃不"小"。

禾虫过造恨唔翻

由于工作的原因，什么东西都要去尝试一下。很多人说广东人什么都吃，"天上飞的，地下跑的"，都特指广东人的饮食喜好。我对蛇虫鼠蚁还是有些不良反应的。记得有一次在拍电视节目时吃了一些还未煮熟的禾虫。这当然没有什么大不了，但对于不吃虫的人来说就会毛骨悚然了。

吃虫是中国人几千年的饮食习惯，这与人的生活环境有着直接的关系，所谓"靠山吃山，靠水吃水"，在咸淡水交界处的稻田里就会找到上好的禾虫。禾虫的色泽斑斓，它虽然是虫，但吃的是禾田里的东西。所以它的营养丰富，尤其是其蛋白质，对于常人，可以说它是一种恩物。

禾虫的食法并不复杂，我喜欢吃清蒸的，因为这样才原汁原味，而用蛋焗的也香口，但有时鸡蛋会"喧宾夺主"，戴上老花眼镜也找不到几条禾虫。而且老实说，经过焗制的老蛋，其口感一定粗糙乏味。

烹饪的精神在于主次分明，哪些是主角哪些是配角一定要分清楚。广东人有句话是说"要分清庄闲"。虽然此话借用了赌场的术语，但在日常生活里已经成为一种约定俗成的宾主关系。

得闲炒饭

有些人在肚子饿而又没人伺候的时候，会自己动手弄一下炒饭，工多艺熟了，都会总结出一些心得来。要把握炒饭的火候与材料的搭配，虽是各施各法，但不管什么样的炒饭，口感爽香，油分适中，饭粒不干，则是炒饭最基本的要领。

东南亚有很多炒饭，印尼炒饭是一种，它用甜豉油和香料一起炒制，略带微辣，有醒胃的感觉。有些地方演绎印尼炒饭更给它"戴帽"，其实就是加上一个煎太阳蛋，配上沙爹与印尼大虾片，是一道颇有名气的炒饭。此外，马拉炒饭、印度羊肉炒饭等等，都是一款款可口食制。

在西餐中，"西班牙炒饭"是一道名菜。西班牙海产丰富，在海鲜市场你会看到目不暇接的品种。他们都把海鲜放在冰上让它们自生自灭，像龙虾螃蟹在冰上爬动，让人直视到这些真正的"冰鲜"。在炒饭里配上多种海鲜，还要是加上藏红花，而白葡萄酒和西班牙香肠也必不可少，茄酱一点便可，不能喧宾夺主。

很多时会在一些餐馆碰到将急冻海鲜番茄炒饭冒称作西班牙炒饭，见惯不怪。西班牙的邻国葡萄牙也有一款炒饭十分了得，那便是"马介休炒饭"，马介休俗称为"鬼佬咸鱼"，要选择咸香而淡口的，炒饭时最好用浸过葡萄牙香肠的油来炒，切上几片香肠就妙不可言了。

乾隆皇与烧卖

思乡、怀旧的情怀，绝对少不了家乡的美食，所谓"鲈莼之思"是也。老友在海外致电我，提及非常怀念广州的点心，尤其是烧卖，但想而不可即，令他十分"吊瘾"。其实，我也有近似的情结，到外地久了，也想找个地方"饮茶"。回想有一次在香港莲香楼与前辈陈基一起吃点心，见到久违的叫卖叉烧包、排骨、烧卖的景象，和酒楼古色古香的陈设，顿生怀旧思绪，不免一番叹惜。

烧卖，也叫做"烧麦"，其特点是馅多皮薄，形如石榴，在南方、北方都有这种食制，各地都有不同的特色，如安徽有鸭油烧卖，江西有蛋肉烧卖，山东有羊肉烧卖，扬州有翡翠烧卖等等。在北方，烧卖的顶部捏有一个半开的花朵形，就像麦梢上开的白花，所以又称为"梢麦"。烧卖的历史可追溯到元、明代，不过做烧卖最为闻名的是一家叫"都一处"的食店，皆因乾隆皇帝曾在此吃过一顿饭，并御赐了"都一处"这个店名，此店从此生意兴隆。"都一处"后来经营多种出品，烧卖是其中一种，而三鲜馅和葱花猪肉馅的"烧麦"是看家的招牌菜。

对于当今各地的烧卖，我到底还是喜欢广东传统的干蒸烧卖，皮薄馅靓，细腰的身形，一只一口，吃下去不多也不少。不过，如遇到皮色过黄，又或是肉馅比广东东莞的道滘肉丸还要"弹牙"的，就宁愿不吃。

金秋蛇鸟

一日之计在于晨，一年之计在于春，但我认为最舒服的季节却是秋天，因为秋天最多东西吃！秋风起，吃腊味；三蛇肥，吃野味。每年到秋季交易会，是吃禾花雀的最好时节。虽因保护生态，禁食禾花雀，但一样有人吃，而且属于高消费的范畴之内，每每付完钱后，不得不沉思，一只小鸟真的有这么好味、这么吸引人吗？

越是禁食，越是想食。为了迎合人们这种心态，便出现了一种由人工增殖出来的食用雀—桂花雀。桂花雀与禾花雀的个头差不多，毛色略有不同，用上以往禾花雀的烹法，亦可忽悠到一些追味之人。

而蛇，相对千花雀来说，它就显得常见多了。蛇之所以受欢迎，跟李时珍所说到的"蛇可祛风、祛湿、通经络、强筋健骨"有很大的关系。而且蛇在攻击人之时，动作神速，在中国的食疗概念里，所有跑得快的动物，拿它来烹食，均有壮身健体的食效。所谓"以形补形"也。

其实，蛇的吃法大不了那么几种，但由这几种演变出来的花式，就不可估量了。以往吃的"太史五蛇羹"，现在已经很难吃到传统的老味道了。原因是这种老味道已越来越少人去追求，而这又跟吃蛇的人越来越少有关系。"太史五蛇羹"的由来，一般食客大多不知，更不知其创始人—当年的超级食家江孔殷。

渔村牛肉汤

所谓一方水土养一方人，不同的地区有着不同的饮食习惯，一如"牛肉汤"的吃法，就有着明显的南北东西之分、季节与水土之别。

吃泡馍时的牛肉汤，是四季佳宜的食品。当年毛主席到北京西安饭馆品尝牛羊泡馍后，便连声称赞这西北美味，并说："要争取办得更好，好好为人民服务！"南方的牛肉汤可谓清而不淡，像大众身边常见的"潮式清汤牛腩"，它的汤底属清汤，但极为香浓，是精心熬制而成。

至于西餐中的牛肉汤，也有清、浓之别。像法国菜的"牛肉清汤"，就要清澈见底，才符合标准。此菜俗称"牛肉茶"，与普洱茶的汤色接近。俄国的名汤"罗宋汤"也是极浓牛肉味的汤品，其汤底要用牛骨、香料、洋葱、红菜头、椰菜、番茄、酸忌廉等来炮制，我喜欢加入牛腩一起熬煮，这可令汤里的牛肉味更浓郁，而煲稔的牛腩是很好的"汤料"。

前不久我在福建晋江走了一趟。有个地方叫"池灶"，距离晋江约6公里，村里有间专营牛肉汤的小食店，小食店的牛肉汤与牛杂同煮，汤里放有药材，鲜香甘浓。"这汤没有味精，是他们用每天从渔民买来的沙螺与牛骨一起煲的，"身边一食客说。沙螺也叫黄沙蚬，是极为鲜味的贝壳类，听说这家店的牛肉汤一般到中午12时左右就售罄了。

家常便饭

吃东西多属个人喜好，每个人都有自己的对菜品独特的理解和喜爱。但吃是"天"大的事情，对于这一点，应该是毋庸置疑的。有些人挖空心思去搵食，但要找到好吃的东西，不是一件简单的事。

其实不要把东西想得太复杂，往往越简单的东西越容易让人接受，就像住家菜。大家都知道个中的味道，从小便对它有好感，菜名看上去也不会古灵精怪。法国人吃东西"招积"，以前的菜式命名都要查"爱古克斯"的字典才可知道是什么。现在法国人也聪明了，将一些菜名"通俗化"，令人一目了然，赤裸裸地告诉顾客。

林子祥的作品里有一首歌叫《分分钟需要你》，通俗的歌词容易让人听完就记得起来。歌词里也有提到吃，就是那句"咸鱼白菜也好好味"。不过，现在要吃到一碟靓咸鱼也要费些心思。广东人的住家菜亦不单单只是满足口欲，像广东人爱喝的汤，就讲究养生。小朋友不理解，因为不懂得食物烹饪的原理。长大了就跟上一辈一样弄一些住家汤、住家菜给自己的家人吃，美味营养可口的同时更多了一份温馨。

而那些漂泊在外的广东人，每当忆起像咸鱼白菜这些家乡美味，缭绕在心头的不单只是家常菜的咸甜酸辣，而是一份挥之不去的亲情滋味。

餐厅"怪"命名

餐厅命名被视为一种文化，一个好的餐厅名最起码的要求是，叫起来响亮好听，有点文化味更好。而由于餐饮业的竞争趋势，越来越多的餐厅妄图以新奇名字吸引食客眼球，于是在命名上玩起了"花样"，怪名字便也越来越多。

一直以来，餐厅命名是让经营者费心，消费者费解的事情。从"真功夫"的命名引人关注，乃至他的餐厅运用到"功夫"的符号设计开始，越来越多有趣的餐名冲刺我们的眼球。"空中一号"这个深入人心的命名，源于美国总统的座驾；大椰丰饭用了椰子元素，将"爷们"变成"椰子门"，恰好谐音"大爷风范"，最初给人古怪的感觉，慢慢听顺了就不再觉得了；乾隆皇帝命名的餐厅"都一处"，经过炒作之后才发现其实是一间卖烧卖的店而已；还有更搞笑的，连"温+饱"的家常菜馆都出来了；虽说酒香不怕巷子深，但好的餐馆确实很难找，于是，便有人却用"好难找面店"来命名，确实很难再找到如此命名的餐饮；更有人连歇后语都拿出来，"重庆刘一手"火锅店，所谓"师傅教徒弟一留一手"嘛；同样也是做火锅餐饮的还有"伙锅根据地"，都是让人忍俊不禁!

不单餐厅命名如此，就连让人视为时尚元素代表的葡萄酒，为了加深人们印象，也延用了一些搞笑的字眼来翻译酒名。像一款叫"周伯通"（班尼庄园）的葡萄酒，由于是《射雕英雄传》里面老顽童周伯通的名字，令其在华人的圈子里名气大增。

各种新奇有趣的餐厅名一直在流行，怪名字的餐厅取名已经成为一种流行趋势，今天的新奇被明天的新奇取代，周而复始，但成功的品牌并不多，与其说靠名字取巧，不如靠自己的绝招，真正的功夫是要靠老板的思维—装修、服务质量与出品都是留住客人的关键所在。

大吉大利

菜肴名称，也就餐牌上的名字，是中国饮食文化的一个重要部分，菜肴的定名，充满了文化的气息，也充满趣味。所谓美食美名，一道好的菜品，若能有一个能让食客未见菜而知其味的菜名，又有好的意头，岂不更吸引人？

我们都有一进餐厅就打开餐牌看菜单的习惯，一般情况下，都能从菜名看到菜的原材料，但也有些菜名，你未必就知道其实是什么菜，比如"白玉翡翠盘"事实上菠菜炒豆腐；而"金针红宝石"，愕然就是大豆芽菜炒猪红（血）。把日常最普通的菜肴材料，借代名贵珍宝的形与色，赋以美名，给予了食不厌粗。

"佛跳墙"还有一个名字叫"坛烧四宝"。话说在一次文人骚客的雅集中，当这道名菜摆上桌面，文人们惊异其美味，有人即赋诗，诗大意是，如此美食，惊动四周，即使是戒荤修炼成佛的和尚，闻其香也会翻墙而食。因为这首诗，从此"坛烧四宝"就多了一个影响更广泛，更引人入胜的名字"佛跳墙"。

"仙鹤神针"也是道名菜，如果以其材料的组合叫出来，就是鱼翅酿乳鸽，但如此直白就缺了几分情趣。

并不是所有菜品的美名都由文人雅士们所起的，民间街坊也有贡献，比如广东人把鸡称凤、把猫称虎、把蛇称龙，是借鸟兽和神灵之形而提升，把鸡、蛇、猫等经一番制作烹饪，变为一道粤式大菜，称为"龙虎凤大烩"。

广东人又把动物的肝以同音字"干"返其义而称"润"，舌则称"利"等等，更有一道逢年过节必吃的菜式"大吉大利"，吃的就是猪舌头。

别以为菜肴起个好名字是附庸风雅的事，人的感观往往会导致心理、生理的变化， 同一种原料做的菜，菜的名称不同，也会引起人的喜恶。有个很好的案例说明问题，有食肆曾推出一个法式烹制的"法国蜗牛"，可是问津者寡，经了解，原来大多数不喜欢蜗牛的"核突"和"潺"（分泌液）多，因而生厌。田螺历来是大多数广东人喜欢的美食，而蜗牛和田螺其实是一类东西，于是，经营者来个"本土"化，把"法国蜗牛"改为"法国田螺"。结果情况大变，顾客纷纷试新，点食者众。

船宴

　　船宴，在船上设宴，故而得名。要设般宴，必先有餐船，中国早在春秋时期就出现了这种餐船。传说吴王阖闾曾船行江上，举行宴饮，将吃剩下的残余鱼脍倾入江中，化成了大银鱼……这就是有关餐船最早的趣闻。而自有餐船以来，船宴就不乏雅气，注重佳时、美景、美味等氛围来结合。其最终目的，就为了达到情趣。

　　西湖泛舟向来被人们誉为一种享受，在湖上享用美食更是人生一乐也。到了明代，西湖的船宴形成了自身的风格："楼船箫鼓，峨冠盛筵，灯火优傒，声光相乱。"除了大船之外，小船宴也多姿多彩："亦船亦声歌，名妓闲僧，浅斟低唱，弱管轻丝。"这在先人张岱的《西湖七月半》中翻阅而来的。

　　扬州的船宴也十分出名，"画舫在前，酒船在后"，其筵席设在画舫里，厨房则设在另一条船上，是当初多少文人雅士喜好的去处。

　　而至20世纪的20年代，广州的荔枝湾亦出现了许多画舫游艇，当年歌舞升平的景象，还有很多老人家念念难忘。我的父亲便是其中一位，常常会提用当年在艇上吃艇仔粥、虾仁炒饭的情景，边说边垂涎。

　　不管船宴也好，美食也罢，这些怀旧的东西就跟香港的避风塘炒蟹一样，叫人寻味，叫人难忘！

灶君

古时有一位宰相名叫吕蒙正，年轻时家境极为贫寒，一度落魄于破庙中，靠僧人布施度日。此君寒窗苦读，更在祭灶神时即兴赋诗："一碗清汤诗一篇，灶君今日上青天；玉帝若问人间事，乱世文章不值钱"，吕蒙正以此与灶君述说其郁郁不得志。几经艰辛，终于中举，并曾先后在宋太宗、宋真宗时出任过3次宰相。吕蒙正位极人臣时却穷奢极侈，还特别爱吃"鸡舌汤"。当时用鸡舌煮汤是十分奢华的，要宰上不知多少只鸡才可以煮成，以至于"鸡毛成山"。后被吕蒙正看见，自省太奢侈浪费，悔恨不已，从此不复食用此汤。

再说灶君，他算得上是中国古代神话传说中司饮食之神。在民间，灶君在老百姓的心目中是一个祈福禳灾的神灵。

每年腊月二十三，是各家各户送灶君的日子。在此时，灶君会上天庭报告其在民间所看到的所有大小事情。其神位的对联为："上天言好事，下界保平安"，寥寥十字已把灶君的职权清楚地刻画出来。这虽是一种传说，却反映出民间的习俗。许多传统的家庭都会在自家的厨房供奉灶君，而专业的厨房更少不了它，以求避开火灾及各种不幸事件之发生。

现在有好些人只是把灶君当作是一种摆设，甚至知其然而不知其所以然。

苏秦背剑

"苏秦背剑"为江湖骗术之一，是旧社会流传的一种叫法。以往叫这些小偷为"小绺"，这些人专门在人多的地方，如火车、轮船、娱乐场、庙会、餐厅等进行偷窃活动。所以在人流密集的地方都会写着"留神小偷，谨防扒手"的字眼。

这些"小绺"多半会看中交易会的来客。因为这些商人常有穿西装的习惯，而西装的内袋装着钱包或现金。西装的钱包多为长形，因为这样才不会使西装鼓胀，显得不雅观。但这也方便了小偷使出"苏秦背剑"一招。一般他们看准目标后就坐在这些人的背面，乘对方不留意时下手。而这类人确实让人防不胜防，因为他们通常亦打扮斯文，有些也是西装革履的。

此招近年亦不太灵验。因为餐厅服务员会像"看股票升跌"的眼神看护着食客，有些保安员亦会专门拿些衣套帮助客人套封外衣或西装，令这些"高手"难以"拔剑"。不过人最大的弱点还是熟视无睹，尤其是得意忘形之时，常会百密一疏。慎防"拔剑"。

老烤

入冬以后，呼啸的北风令人感觉干燥。以往有一些人会在这个时候挑着担子卖虎皮和虎骨，药酒等，随着现在动物保护法的健全和执行力度的加强，这些小贩亦不复存在，偶尔见到，实属稀奇。不过这些人就算被抓到，亦最多告他一个欺骗的罪名，因为都是假货。

曾经看过一位"老江湖"撰写有关江湖人自制老虎骨的文章，从中得知，他们是选用骆驼的后腿第三节假冒虎骨，因这部位跟虎骨看上去非常相似，而虎爪是使用大雕的爪，虎筋则是用牛筋来弄，还要用上乘的炭火来烟熏，让骨头的油溢出，看上去常可以假乱真。江湖人把做这工种的人叫做"老烤"，日常看见摆摊或街上叫卖的都是老烤的徒弟，他们要为师傅干上几年的活，合眼缘的才会教他两道板斧，这些人就可以独自谋生了。

在20世纪20年代前后，有些庙会会有摆摊档卖老虎骨头的，通常会把老虎骨摆在地摊上，经营这种生意的人多为关东人，但他们通常不会卖很长时间，因为怕露出马脚。人们亦常会觉得虎骨这种贵重的药材，应该在正规的药店里，所以摆摊的都被人怀疑是假货，不过这些摆摊的江湖人练得一副好口才，说老虎骨专治风湿，腰酸腿疼，肾寒肾虚，半身不遂等等病症，若是买老虎骨回家泡酒，传统的观念认为能舒筋活血，强筋壮骨，延年益寿，能医百病。不知现在的冬天，"老烤"还会不会再收徒弟呢？

这道再平常不过的家常小菜，排骨、薯仔掌翼，用料普通，但加上那么一点柱候酱后收汁入味，更显清香，味道馥郁。

老虾饺

广东人爱吃，在很多开玩笑或褒贬的称谓中，都不缺与吃有关的字眼，像老饼、老油条、老虾饺、老雀、老虎乸、老狐狸，后面两种现在不能吃，犯法的。这次可以聊一下"老虾饺"。

老人的下颌骨颏部较向下向前突出，而且皮肤多皱纹，其下巴观之就像广东点心"虾饺"，所以就被那些调皮的人叫为"老虾饺"，一般针对男性为多。但从哪时开始有这种俗称，就难以追寻。而虾饺的起源，有根可循。翻阅资料看到，最早的虾饺出现在1920～1930年间，当时广州河南五凤村的怡珍茶楼发明了这种做法，原因是那里的河涌盛产鱼虾，茶楼的点心师傅以鲜虾配上猪肉和竹笋制成肉馅，由于鲜虾的食味鲜美，所以很快这种做法就流传出去。城内的茶居将虾饺引进后，经过改良形成最初的广式虾饺。

虾饺曾有"二撇鸡"的叫法，想一下袁世凯的胡须，那大胡子与虾饺的形状确有些相似。不过现在的虾饺不常看到二撇鸡了，有些酒楼为了吸引食客，把原只鲜虾放进澄面皮里，鲜虾受热后改变了虾饺的形状，这些有形无神的虾饺与它英文的翻译ShrimpDumpling非常贴切，可视之为虾"丸"。

老式的虾饺采用河虾，因其纤维幼嫩，没有饲养的海虾的纤维那么粗糙。河虾的虾味鲜香，上海菜的清炒河虾长盛不衰，而且价格不菲，选用上好的河虾是其生存之妙。

在海外高档的粤菜馆里，有些采用曼特加斯加的虾来做虾饺，主要也是取其纤维幼细和虾味鲜香的特点。形如"二撒鸡"的虾饺，讲究虾、肉、笋融合一体。吃上去既有笋香，也有油香，虾味鲜甜、面皮带有韧性，热吃与冻吃均各有风味。

以往有高档餐厅为了照顾一些不爱吃笋的人士，但又要保留虾饺的原味，所以在一笼4只虾饺中，两只有笋，两只没有笋，以显其服务的细致。这些已是老式的做法，可称之为老虾饺。

壮阳食制

由于冬天常被"视作"进补的季节，在饮食方面，就少不了说到壮阳的食物和饮品。平心而论，不是所有的人都需要壮阳的，我经常与中西医的好友吃喝，闲聊中也自然谈到有关壮阳的种种问题，无论药物或是食物，主要是营养机理的平衡，用刺激性的药物来达到壮阳效果，常会弄巧成拙。

众所周知，食疗是一个好办法，也普遍被接受，即使持怀疑态度的人也不会拒绝。像广东人所说的，"猪腰煲杜仲，不好都有餐餸"。对于壮阳食物，民间一直有以形补形之说。那次到增城一个餐馆喝过一煲牛鞭汤，说是有壮阳作用，但我喝后却不出任何生理反应，印象深刻的，反而是服务员的上菜过程。因为这里的特色是原条牛鞭煲制，上菜的服务像西餐的"桌边服务"，以示煲中物乃真材实料。由服务员将整条牛鞭现场剪割，此举实属有型有款的服务，也是酒楼食肆特色的一种体现。

席间，几个老友都说，喝完后身体发热。我却不以为然，便开玩笑说，当你喝一大碗开水，你的身子会更热。其实，无论吃什么，心理作用往往大于实际效果。对食物的接受程度会因人而异，如果一个人连毛病在哪里都搞不清，见补就进，也是白弄。

食物油

食油在烹饪里是最重要的原料之一，而且它的作用充满了变化美，我们通常所说的火候也是通过对油温的调节来控制的。不同的油有不同的特性与风味，适宜于不同的菜肴，也具有不同的营养价值。

粤菜是离不开花生油的，品尝粤菜，应该从花生油开始。因为有不少特色菜肴只有土制的花生油才能突出其风味，土制花生油还分头榨与二榨，在运用于精细的烹饪过程中其效果也不同。像传统的顺德鱼生，便采用土制花生油。

粤菜里以清淡著称的清蒸海鲜，除了原材料的新鲜，酱油的豉香，同样少不了用花生油那独特的香型来共冶美味。此外，花生油还是提升菜肴口感增加其嫩滑度的必不可少的介质，还有最重要的一点，就是花生油可以去掉鱼的腥味。

湘菜的剁椒鱼头所用的油同样是非常之讲究，通过不同香型油的相互配搭，来提升口感与嫩滑度；而川菜火锅的点蘸料一定少不了小磨麻油，除了提升锅底的味道，也曾被认为有降火润燥的作用；再看贵州菜的酸菜鱼，姜子油是不可少的。

我对河南一带的小磨麻油情有独钟，其口味与香型有其独到之处，让人齿颊留香。常挂在食家嘴边的是风味独特的动物油。印度的咖喱里少不了牛肥油，它使印度咖喱风味更加鲜明；有些西餐里运用鹅肝油来烹制菜式，它奇香无比，浓郁的鹅香味里不带半点膻腥；再如传统云吞面，人们喜欢用猪油来提味并增加口感。

众多的食制，日本的天妇罗所用的油是最为讲究的，那就是油炸物的麻油。哪家用得起这种天妇罗麻油，其出品多为正宗。

第二篇 舌尖上的文化 美食传说

美食，除了美味，还需要一种对其文化的解读，在某一个阳光明媚的午后，抑或闲情的夜晚……与友人相约，茶余饭后，海阔天空，讲一讲有关美食的传说故事，在美食中品尝风味，在文化中品位历史，别有一番情趣。

帝王中的美食家

　　乾隆王朝，国力是清朝的顶峰，六下江南游荡猎奇，花费巨资在北京西郊营造繁华盖世的皇家园林"圆明园"；东造琳宫，西增复殿，南筑崇台，北构杰阁，说不尽的巍峨华丽。

　　皇帝好色是天公地道的，对吃有研究的皇帝也比比皆是，乾隆是当中的佼佼者，也是顶级的美食家。乾隆的好吃，导致清宫御膳中的筵席规模和厨技都达到空前水准，他还为此设御茶膳房档案处，不过，这倒成为他在食林的一大创举，借由这些膳事档案，后人才能了解清宫顶级御膳的食单，其规模宏大及品多料繁，不只当时全世界首屈一指，而且空前绝后。

　　在乾隆执政期间，北巡盛京、西谒五台，东朝曲阜，南游苏扬。所到之处，膳事盛况空前。亦因他的豪饮奢食，对各地官府中的烹调和市肆民间烹饪都产生了深远影响。我们今天所称的"满汉全席"，即发祥于乾隆时期的扬州。

　　若论乾隆个人最喜食的佳肴，首推挂炉鸭子，即明炉烤鸭。鸭子不能直接触及旺火，成品皮酥脆，肉香嫩，腴而不腻，兼有果木香气，这是吃挂炉鸭子的最高境界。现今北京"全聚德"烤鸭，即遵循此法。乾隆吃挂炉鸭子，不拘早晚，且吃法多变，环节细腻。

有关乾隆与美食的传说不胜枚举，有些是与事实有关，但大多是无迹可寻的。他是任皇帝最长的一位，自然就会多传闻，尤其是风流史。

御膳金凤戏燕窝

金凤戏燕窝的来历源于慈禧太后逃难时，被后人包装后蒙上了一层神秘的面纱，变成流传在民间一个跟食有关的故事，据说此菜为慈禧太后的御膳之一。

话说光绪二十六年（公元1900年），八国联军攻陷了天津，向北京袭来。中国当时的实际领导慈禧太后深怕性命不保，打算逃命而去。这当然遭到了一干大臣们的反对，说这不成体统。但性命都保不了还谈什么体统，于是慈禧太后带领亲信急急忙忙逃去了西安。在路上正好遇上下雪，慈禧一行人是既惊又怕，冷饿交加，只好派太监李莲英去找一处安歇的地方，结果找到几间草屋，里面只有一铺破炕，房顶露着天。换在平时，这样的地方肯定是不够资格安置太后这样尊贵的人的，但事急从权，只好将就了。

第二天早晨起来一看，炕上炕下都是雪，慈禧太后的被子上也蒙上了一层薄薄的雪花。太监们把早已准备好的饭菜送来时，慈禧太后发现多了一盘以前没吃过的鸡，味道非常好，就问怎么回事。李莲英为了讨好她，就大肆渲染了一番，说这是自己特意为老佛爷想出来的新菜，叫

"金凤戏燕窝"。菜字既悦耳，又暗含了慈禧太后的身份。俗话说："千穿万穿，马屁不穿。"慈禧太后听了心里非常舒坦，连声称妙。从此以后，每年下第一场雪的时候，慈禧太后都要吃这道菜。在一些资料里看到，金凤戏燕窝当中加入了虫草、燕窝、鸡肉等食材。不难想象，这做法可能是回宫后再作改善的，又或者是后人重新包装的，但若是选材上乘搭配合理，火候得当，卖相诱人，又何乐而不为呢?

蒋侍郎豆腐

豆腐以鲜嫩柔滑、豆味香浓者较受欢迎，它可烹制出不计其数的佳肴。陆游称豆腐为"黎祁"，元代的诗人虞集则称之为"来其"，其实都类似于四川方言对豆腐的称呼。

孙中山先生提倡多吃豆腐，甚至将它写进《建国大纲》里。历代许多文人雅士也撰写过不少有关豆腐的文章。才子袁枚是一位清代康乾的美食家，在他那影响至今的《随园食单》里，记叙了一款"蒋侍郎豆腐"："豆腐两面去皮，每块切成十六片，晾干，用猪油熬，青烟起才下豆腐，略撒盐花一撮，翻身后，用好甜酒一茶杯，大虾米一百二十个；如无大虾米，用小虾米三百个；先将虾米滚泡一个时辰，秋油一小杯，再滚一回，加糖一提，再滚一回，用细葱半寸许长，一百二十段，缓缓起锅。"

在《寒夜客来》与《肚大能容》等近现代著作中也论述到此菜。它是一道用豆腐去皮切片，用猪油煎香，加甜酒、大虾米一起烹煮的美味。此菜曾在香港镛记酒家演绎，他们采用上乘的安南大虾米，经过酒糟的腌制，与豆腐共烹，堪称镛记一道古典菜肴。

有人说豆腐能解酒，是因为豆腐里的大豆蛋白及维生素有分解酒精的作用。古时有个偏方，是用切薄片的豆腐贴在醉汉的身上，此举能缓解酒后的"醉状"。这条偏方到底行不行，试过便知。不过，这偏方只能是夏天用的，把去皮豆腐贴在浑身发烫的醉汉身上，冰凉的豆腐，可以吸去人体的热气，肯定舒服—这是想当然的说法。

我眼中的谭家菜

　　清末民国初年，尽管社会动荡，各地各界名流还是会集京城，饮食之风也依然浓厚。当时，除宫廷菜之外，还有许多不同形式的私房菜流行，而且，这些私房菜大有来头，从不同的作品里看到，像银行界的"任家菜"，财政界的"王家菜"，军界的"段家菜"等，但这些私家菜都随着它们主人的衰落而流失，只有官僚谭宗浚的"谭家菜"一直流传下来。

　　谭宗浚是清末的翰林，是一位好吃的广东人，酷爱珍馐，他在当官的年代，热衷于宴请，并亲自打点，将家宴整治得色香味美，赢得同达官贵人的赞扬。在当时，"谭家菜"便颇具名声。

　　谭宗浚之子谭瑑青更是讲究饮食，为了提升家宴的味道，他不惜重金聘请京城名厨掌勺，从而吸取了名厨名家之所长，成功地将广东菜同北方菜结合，独成一派。

　　吃过"黄焖翅"，其软烂适宜，口味醇厚。传统的口感鸡油甚多，现代人绝对吃不惯，跟贵宾楼田师傅聊到此菜时，他亦有同感，以往他跟彭长海当过助理，饮食行话叫"打荷"的工作，他对黄焖翅了如指掌。后来创出了一道"坛烧老大"，吃下去不太过油腻，上菜有霸气，可视为"黄焖翅"的改良版。

　　其实"谭家菜"还有很多民间的故事，但每个故事无一跟味道无关。

食林撷英

《金瓶梅》、《红楼梦》两书中都加入了许多菜肴，作者写到的饮食反映了当时的社会状况与风土人情，其中一些有很大的鉴赏价值。其实在中国几千年的历史里，积累了无数的美珍佳肴，但只有少部分流传下来。有很多已失传，又或是虽成为历史名菜，但原料难寻或是已成为禁物。像"满汉全席"的菜品里，有诸多食材就已成禁物，满汉全席不成全席了。

在古老菜单里，鲟龙鱼是稀世珍品，有许多名馔以它取材，而宫廷菜则更为甚之。鲟龙鱼浑身是宝，"鱼脆"是以其头骨制成，经过蒸、煮、漂等工序及去腥、软化处理，蒸制以后的鱼骨成为米白半透明状的珍品。此品可蒸、焖、汤，以其制作的甜点也堪称一绝。现在只能以鱼翅骨来代替。

昔日席上有一道名热荤，其名为"雪菊寻龙"，是以菊花炒鲟龙鱼球，此乃一道手工菜，考厨师的刀工、火候，稍微马虎，都做不了上乘的口味。在满汉全席里，有吃猴子的环节。有种昆虫叫"树猴"，它是一种没有出壳的蝉，不过与猴子倒也有三分类似，故而得名。其他昆虫虽然与"树猴"一样大多都采用油炸之法，此为难得的食制，偶尔回味。

广东人有很多口头禅，"毋米粥"也是常用的一句。其义乃徒劳无功，但在"食林"里，就有不同的含义了。其中有一种做法还是富豪们的席上珍。"毋米粥"，顾名思义，此菜肴里是不能出现米粒的，它是以燕窝、鹧鸪、木薯精心烹制而成。

宋嫂鱼羹故事之一

北宋灭亡后，在临安另起炉灶，建立南宋。连想都没想过做皇帝的宋高宗赵构，在杭州游山玩水、夜夜笙歌。"山外青山楼外楼，西湖歌舞几时休。暖风熏得游人醉，只把杭州作汴州。"这首诗反映了当时南宋王朝的社会状况。但不管有多少美景佳人的陪伴，有多少美酒佳肴的选择，最让宋高宗惦记的可能是在汴州吃过的"宋嫂鱼羹"。

当年还是康王的赵构，身边有很多随从，当然拍马屁的人也不少。曾经有一个相士跟他说，以后他会当上皇帝。赵构一听大喜，立刻令人备酒款待这位拍马屁相士。这次宴会有一位叫"宋嫂"的人做了一道鱼羹，她选用黄河产的大鲤鱼，经过精心加工，炮制成色香味俱全的一道羹，适逢这位康王的心情特好，令他食欲大振。于是，这道鱼羹便成为他的最爱。从此，每逢康王府喜庆宴请，都少不了"宋嫂鱼羹"了。

多年后，有一天宋高宗在西湖边偶遇宋嫂。经过多年的变迁，康王做了皇帝，而宋嫂却饱尝了家破人亡之苦，随着大批难民迁移到南方，她早已不是当年的模样。但宋嫂鱼羹味道依旧，只是"黄河鲤"换成了"西湖鲢"。于是她又重新回到了皇宫，继续为赵构服务。

南宋灭亡后，宋嫂鱼羹又流传到民间。千年已过，虽然宋嫂的尊容没有任何的文字记录，但宋嫂鱼羹却成为了一道历史名菜。

汉高祖爱狗肉

广东人把狗肉称为"香肉"，流传有"狗肉滚三滚，神仙坐不稳"的民谚。狗肉有白切、红烧、清炖等做法。

狗肉还有个雅誉叫"地羊肉"，在很多地方的菜单上都把狗肉称之为"红烧地羊肉"或"香爆地羊肉"。

狗肉还有一个与汉高祖刘邦有关的传说，当年刘邦还在做"小混混"的时候，与后来他的大将樊哙都是吃狗肉爱好者。当时樊哙以卖狗肉为生，弄得一手好吃的狗肉。刘邦经常光顾，但穷得付不出钱，总是要赊账，因为大家都是好朋友，樊哙不好说什么。后来，樊哙为躲开刘邦，便在护城河北岸经营狗肉店。有一天，刘邦寻肉香来到城边，遇河受阻，无法过河，正在无可奈何之际，河面上游来一只大乌龟，刘邦便跳上龟背，到对岸找到了樊哙的食店，又是大吃一顿。樊哙知此情况后，便将那只乌龟捉来杀掉，与狗肉同煮，以解心头之恨。岂料乌龟肉反倒平添了狗肉的香味，刘邦吃后大加赞赏。此后沛县的"龟汁狗肉"便出名了。

现在的人吃狗肉也讲究很多，当然季节最重要，冬天的狗体壮肉肥，食用最佳。广东人在冬天都有吃"开锅狗肉"的饮食习惯，当你闻到满街的狗肉香时，会激发起强烈的食欲。但是，我向来不吃狗肉，只是说说而已。

泰丰楼

餐馆的命名在不同程度上都有所讲究。酒楼、茶居是较为固定的叫法，其他很多都是"各处乡村各处例"。广东人所说的"饭店"，在北方，便是有客房的酒店。不管吃饭、喝酒、住宿，国人又统统命名为宾馆，有时觉得这些明堂都挺有趣的。以前北京有一家饭店叫"天然居"，当时为了招徕客人，出了"客上天然居"的上联，悬赏征集下联，对出者，可免费吃住30天。据说，其下联"居然天上客"是由微服出巡的乾隆皇帝搞定的。

北京的食肆大多以堂、居、楼、坊、轩、斋来命名。"泰丰楼"是其中一家"老"店，但此店在光绪年间开业的时候，就是当时的一家"新式餐馆"。从资料看到，那时主要接待清末的王公贵族。民国初年，孙中山先生及夫人宋庆龄在北京居住时也曾慕名前往此处做客。当时，泰丰楼是京都有口皆碑的著名饭庄，也是北京著名的"八大楼"中名列前茅的饭庄之一。

泰丰楼的创始人为山东海阳人孙氏，后来孙氏将食肆倒给了山东福山人孙永利及朱百平。几经周折，最后由孙必正买下成为东家。当时的掌灶师傅林文环、王世珍的烹饪技艺精湛，记录在案的招牌菜有"红烧海参"、"干烧鱼"、"清蒸甲鱼"、"酒蒸鸭子"、"酱汁活鱼"、"一品官燕"、"糟熘鱼片"等等，是看完资料后的冲动。这次我专门到此处一游，在此"回味"一番，并无他求。

豆瓣鱼传说

　　豆瓣鱼一直流芳在民间，脍炙人口。查阅相关的资料，提到豆瓣鱼的确有不少，当中颇有意思的传说，就要数"徐氏饭馆"的豆瓣鲶鱼了。

　　传说中，在合川有位渔民，清朝光绪年间来到磁器口河边定居，此君姓徐，跟其他渔民一样，把卖剩的鱼自己烧来吃，拿当地的特产豆瓣煮制，美味被旁人发现，尤其是以豆瓣烹的鲶鱼，邻居亲友的喜庆宴席，都要请他下厨烹调此菜。

　　徐氏开始小有名气，后来干脆自己开餐馆，在金蓉横街租了个小铺面，打出了"徐记饭馆"的招牌，经营以鲜鱼为主打的饭铺。有一年，老岳父70大寿，他回到合川为岳父大人办寿宴，烧了他的拿手好菜豆瓣鲶鱼。但寿星和亲友吃后都说不是那么好，味道非常一般。徐氏百思不得其解，回到瓷器口，见到自己的饭铺却高朋满座，徐氏恍然大悟，感悟到原材料的地域性和重要性。不同地域的气温和湿度，酱料的发酵效果就有异。就算是水质不同，施用同样的烹煮方式，效果也是南辕北辙。

　　我在川菜馆吃到的豆瓣鱼亦可谓各式各色，那年在泸州吃过的豆瓣河鲜，虽则是风味的吃法，但也美中不足。除了烹制手法外，豆瓣酱的质量是最重要的。徐氏当年采用的是"聚森茂酱园"的红豆瓣酱和"江北静观场"的贡品香醋，应该是他的"杀手锏"之一。

狗不理

天津的名字与水有关, 它有一条著名的河, 名为 "海河", 河流贯穿天津城。在清末民初, 这里曾是一个政治的避难所。我这次住在 "利顺德" 酒店, 当时是由英国商人投资。在这间古店里, 有张字良和赵四小姐的传奇故事, 也有孙中山, 袁世凯, 徐世昌等历史人物留下的印记。

到天津, "狗不理" 是巡例必到的, 这间位于山东路的 "狗不理" 总店, 原来是 "丰泽园" 的旧址。"狗不理" 的创始人 "狗子" 之子把 "宝号" 发扬光大, 在天津的南市、天祥后门等地设立分号经营。而到了第三代继承人时, 由于经营不利 , 店铺相继倒闭。建国后, 政府为恢复当地风味小吃, 在辽宁路原宋竹梅饭庄旧址 "国营天津包子铺" 开设 "狗不理", 后来又迁到山东路, 就是今天的总店所在地。清代传说狗不理包子是由袁世凯从天津带回紫禁城给慈禧太后的贡品, 这也是 "狗不理" 名声大噪的由来。

"狗不理" 包子有很多 "花款", 像猪、牛、羊、鸡、螃蟹、虾、蔬菜、菇菌的馅料款款皆备。不过人还是先入为主的, 还是喜欢传统的那一款, 对于我来说, 包子馅料肉汁的香气, 尤为重要, 若是现在某些食店加了浓缩鸡汤, 那些带了添加味道的调味品, 就会大失本味。除了包子外, 这里还有炒菜和外卖的小食。临走时, 买了一份包装的卤猪肝, 以备解馋。不过, 打开一尝, 却不堪入口, 其味干、腥、苦, 可谓不折不扣的 "狗不理"。

狮子头

通常会说，扬州菜兴于隋唐，盛于明清。尤其是康乾年间，当时两淮盐商极度活跃于商场，经常举办各式各样的家宴，而且盐商之间的家厨时有相互"借用"，这样一来，为高手们营造了切磋和交流平台，厨艺也随之提高，也促进了扬州菜的发展。

扬州菜的制作工艺可谓精细，当中的"狮子头"虽然为平民菜式，却一直传承至今。

传说，隋炀帝杨广到扬州观看奇异的琼花之后，龙颜大悦，为纪念他的扬州之行，下诏设宴庆贺，御厨专门设计了四道菜馔，分别是松鼠鳜鱼、金钱虾饼、象牙鸡条和葵花献肉。而当中的"葵花献肉"，后来又被精于饮食的唐代名将郇国公韦陟改名为"狮子头"。于是，这道带有传奇色彩的淮扬菜便广泛地流传下来，成为一道历史名菜。

20世纪70年代初，周总理在人民大会堂设国宴款待美国总统尼克松，当时工作人员把制定的菜谱呈报总理，总理说应该让美国总统尝一下中国的"狮子头"。据说，尼克松总统品尝后，对总理精心安排的这道美味赞不绝口，但他不明白为什么叫"狮子头"，周总理便告诉他，狮子是兽中之王，在中国传统文化中，狮子雄壮生猛，是辟邪与吉祥的象征；这道菜叫"狮子头"很能体现中国饮食文化的特点。尼克松听了连连点头，但他应该预测不到，数十年后的中国，跟美国的经济已是"叮当马头"（粤语"不分伯仲"的意思）。

西门庆爐鸡

前文已经提过，《金瓶梅》与《红楼梦》都有许多笔墨用于描写饮食的细节。《红楼梦》当中有接近200个的贾家"私房饮食"。某日，我在"来今雨轩"与友人品尝"红楼菜"，席间也聊起了"金瓶梅菜"。在《金瓶梅饮食谱》里，写到西门庆家宴中的菜肴珍馐就不下三四百种，大部分均为家常菜，充分反映出明代市井烹食上的"奇、巧、绝、全"。

《金瓶梅》是一部描写男欢女爱的小说。在当时的社会环境下，作者只用了笔名—兰陵笑笑生，这也是作者给后人留下的一个谜。从写作风格、遣词用字及其他种种的迹象推敲，很多学者都认为王世贞就是那个兰陵笑笑生。

像文章里曾用过"落作"这个江苏太仓方言，古时如家里有红、白、喜事，主人为了派场，不去饭店，而请一些"帮忙的人"，在大宴前的准备工作便被叫做"落作"。文章也提到西门庆在家所吃的太仓双凤镇特产—燻鸡。王世贞是江苏太仓人，当然明白这些风土人情和饮食习惯，而且书中还有许多他家乡的影子，这似乎也印证着王世贞可能是《金瓶梅》的作者。

燻鸡的做法比较讲究。首先把脚黄、皮黄、嘴黄的本地草鸡或野鸡，在宰杀、放血、去毛、取脏后洗净，先煮至半熟，待稍冷却后再放入盛有老汤的燻锅，再按秘方添加花椒等各种佐料，最后以文火焖煮而成。燻鸡卤味芳香诱人。难怪唐伯虎也曾赋诗歌颂于它"十景风光似建康，物产丰富名外扬。"当然，能让西门官人看得上的。

烤肉店的由来

我们都知道，好吃的牛肉其产地很重要，所谓有正宗的血统，所以，美国的牛扒、英国的烧牛肉让爱吃牛肉的人最难忘，津津乐道。日本血缘的牛肉当今盛行，其中又以神户、宫琦、松坂的较有名堂，其实在日本还有很多不同牌子的牛肉，到当地的牛肉店吃多几间便可以了解到了。

日本牛肉以往令人感到非常好奇，因为有人故作神秘的说："这些贵族牛要喝啤酒，要有人按摩，还要听音乐"。你说牛不牛？其实，说到底懂得如此"包装"它的人才真正牛。

烤牛肉跟齐白石先生有段渊源。在1946年，白石老人在宣武门的烤肉店用餐后，挥笔写下了"烤肉宛" 三字的牌匾。而在当时的字典中，并没有现在盛行的这个"烤"字，是齐白石老人在情急之中造的，一顿烤肉却为中国人留下了一个新字，可喜可贺！

以火烧烤，精髓在于心机，火候是烹饪的艺术。上等的烤肉还需要佐料，除了形式上的汁酱之外，海盐是不可或缺的元素，它与牛肉里本身带有咸香的肉味相映生辉，令其本性彰显，突出雪花牛肉之甘香馥郁。

近年有"澳洲和牛"在市场上出现，澳洲和牛为雪花牛肉，与日本神户有血缘关系。我在广州东方宾馆里的"真牛馆"吃过数顿澳洲和牛，也得知这些牛肉是餐厅自己进口的，应该正"牛"不怕红炉火。其中餐厅里便设有韩式烧烤和火锅的功能，你若是叫上一个拼盘，便可学体验齐白石先生吃烤牛肉时的乐趣，亦可左右逢源地一边烧烤一边涮锅。不得不说的是，这里的"和牛刺身"，是我颇感兴趣的一款，但要向店家拿肉眼的部位才算上佳，因为那部位可吃到带奶香的牛肉味，和像雪糕般的口感。

酱料飘香

"柴米油盐酱醋茶",开门七件事中,酱料占一重要席位。一道美味佳肴,除了用料新鲜、烹调得法之外,佐以合适的酱料,是为锦上添花。有人以为只有中式菜肴才讲究酱料,其实不然,在传统的西餐中,酱料可说是佳肴的灵魂,负责酱料制作的就是一个很重要的部门。而中餐对酱料也极为讲究,厨师都有自己严谨的制作方法和分量表,以保证出品的稳定性。尽管市面上调味酱料花样百出,但大多数的厨师还是以个性化的手法,凸显出自己独特的烹饪调味风格。

天顶头酿

头抽,有先拔头筹寓意,容易被喜欢讲意头的广东人记住。翻阅资料,乾隆帝也曾品尝过此等南方酱料之王,有诗为证:"此物只应天上有,人间难得一佳酿。"当朝大学士随之书以"天顶头酿",以记乾隆皇帝这一故事,这是天顶头抽的来历之一。也有很多人说,天顶头抽,是因为在黄豆发酵晒制过程中，把晒缸（即行内所说的石冲）放于天顶（即阳台）等高处阳光充足的地方，所以叫做天顶头抽。

头抽留给我的记忆，就是那道配上烧腊油的头抽捞饭，饭是新鲜做好的丝苗米，一口吃下去，香味四溢，烧腊油的油香混合了头抽的浓浓豆味，伴随着软绵绵热辣辣的米饭下肚，用粤语来说真是让人"吃到耳朵都动了"。但烧腊油并不健康，所以这道让人欲罢不能的美食已经难觅踪影。

头抽简单用来蘸点和捞，最能感受芬芳豉香，桌上放一碟头抽，浓郁豉香飘散，已经是种享受。或者用来配蒸鱼，烧一滴油，再放几滴头抽，淋上，两相益彰。现在也有很多餐馆惯见的豉油王菜式，若然换上头抽名堂，头抽鸡、头抽虾、头抽猪扒……

柱侯酱

孔老夫子说"不得其酱不食"，意思是说没有酱料送饭就吃不下饭。中国酱的酿造技术，是十分缓慢的。最原始的酱，就是简单的盐渍，先秦时候的酱基本是用肉料与酒来合制而成，比较粗糙。但经过发展，酱的酿造技艺也得到不少进步，柱侯酱就是一个体现。

柱候酱，顾名思义，柱候发明的酱。一百多年时广东佛山有个小贩梁柱候经常在佛山市祖庙附近卖牛杂，摊位虽然小，但名气颇大。很多人都慕名而来，因为他做的牛杂实在好吃，不仅吃起来软烂，而且食后回味无穷。

后来三品楼老板聘他为厨师，专做卤水肉食制品。有了条件，梁柱候在原来牛杂酱底的基础研究配制出一种的酱料，原料主要是大豆和面粉，经过酿造之后，再附加蒜茸、生抽、八角粉等煮制研磨而成。这种酱料可烹制猪牛鸡鸭等肉类，又可烹制鱼虾等海鲜，一酱多用，并且味道香浓，用途更广，风味上佳。

广州人对柱候酱一定不陌生，可以说它是粤菜不可或缺的调味酱料之一。在广州的大街小巷，随处可见到的柱侯牛腩（牛杂）摊，还有酒楼食肆里正宗的柱候鸡、柱候鹅、柱候猪手，都少不了柱候酱的调味。特别是天气转冷时，人的口味更会喜欢进食一些酱汁焖煮的食物，在《庄臣食单》我曾推荐了很多关于柱候酱的菜色，比如"排骨薯仔焖掌翼"，这道再平常不过的家常小菜，排骨、薯仔掌翼，用料普通，但加上那么一点柱候酱后收汁入味，更显清香，味道馥郁。

第三篇 舌尖上的人生

街头巷尾

美食，是人生小而确切的幸福。

这种幸福或许随处可见，却不多得，

就像无意间在街头巷尾发现的一种，

被停格的美味，可遇而不可求。

人生如美食，而做菜，亦如做人……

做菜就如做人

前段时间娱乐界曝出，有女明星死了，她是一名出演过不少电视剧的女演员，杀她的人是她的丈夫，随后凶手丈夫也自杀了。这位女主角就是曾在湖南台抗日主题的电视剧《血色湘西》中的女一号白静。这部剧也是白静的丈夫周成海投资的，所以当周成海将白静杀害之后再自杀事件像在娱乐圈投下了一枚炸弹一样，引起了轰动。有所谓的"明了的群众"爆料说周成海与白静积怨已深，女主角还疑似有第三者以及其中涉及两人的经济纠纷。多种因素累加之下，终于酿成这次惨剧。也有所谓"知情人"说是周成海性格暴躁，常产生家暴事件，逼迫到这种地步是他的责任。

很难理解这种极端。其实生活的怨愤，平常人也有。只是在娱乐圈的聚光灯之下，把这些怨恨也放大了。如果是常人，可能最后骂骂嚷嚷几句离婚了事，哪须走到这一步。娱乐圈就有这种魔力，把好的能推上更好，坏的更是推上风口浪尖。

执笔之时，正在成都。想起一道成都名菜夫妻肺片，这道成都名菜一直被人当作是夫妻恩爱的象征。我们可以想象多年前那对夫妻在街头游走，担着小扁担沿路叫卖的情景。其实当两个人都是一无所有的时候，互相依靠着对方，哪怕赚取了一枚鸡蛋也会觉得珍惜，患难夫妻是也。天底下有哪一对夫妻，许下承诺的时候，不是想着"生死契阔，与子成说"，除非是别有用心，以婚嫁为获得利益手段者，有谁会想到有一天成了一对互相厮杀的血染鸳鸯。我忽然想到几年前粤曲界一段新闻"粤剧花旦何海莹因师傅、粤剧名家白云峰病逝自杀殉情"，同是舞台鸳鸯，一同命归黄泉，但个中情感可谓天渊之别。

一碗小小的"过桥米线"，是秀才妻子对丈夫的细微关怀，薄薄的一层油，却令这米线保暖，令吃的人也感到温暖。老公饼的起源，也正是妻子为了准备丈夫上京赴考的烧饼而创造出来的，与其相对的还有软糯微甜的老婆饼，这些包装出来的夫妻美食，想想也叫人心甜。

台湾前知名行政院长孔运璿生前曾写过一封信给他的儿子："亲人只有一次的缘分，无论这辈子我和你会相处多久，都请好好珍惜共聚的时光！下辈子，无论爱与不爱，都不会再见。"

其实无论是上天堂也好，下地狱也好，人生难得是懂得珍惜，做菜和做人一样，最怕走到极端。烧焦了的食物，就算倒掉，可以重新做过。任何一条路都不是绝路，哪怕往回走，也是一条路。

吃，无非为"炫富"

印度咖喱的香味就跟当地绚烂的纱丽服一样，鲜艳浓郁。中国有句古话"一样米养百样人"，无论在哪里，人们总是会自觉或不自觉地按照阶级或者财富划分层次。看完近日一则印度新闻后，忽然觉得应该做一些思考了。26岁印度美女米纳克什·塔帕尔是宝莱坞的女演员，在拍摄她最新影片《宝莱坞荧幕女杰》时被一对群众演员情侣绑架并杀害。警方查明原因，米纳克什曾在两人面前炫耀过自己家族的地位及财富，导致两人见财起意。

虽然都是以咖喱作为主食，但在印度这个有着千百年种姓制度的国家，不同家族地位的人们始终有着偌大的差距。这种制度的森严，是要在当地生活才能确实感受到的，这里暂且不提，但由此可见，老祖宗讲过"财不可露眼"这句古训在这里又得到验证。

历史上最著名的"露财"莫过于石崇斗富。相传石崇仅老婆就有一百多个，美艳的姬妾高达千人，每人首饰均是金光璀璨。当时皇帝的舅父王恺也是超级富豪。两人互不服气，石崇听说王恺家里用糖水洗锅，于是他就用白蜡当柴烧，用香料来粉刷墙壁。王恺得知有人要和自己斗，就在自己家门口两旁四十里，用珍贵的细紫丝线编织成屏障。谁要上他家，都要经过这足足有四十里长的紫丝屏障。这般豪华，把当时洛阳城的百姓都轰动了。石崇岂肯认输，接着命人在家门前的大路两旁, 用比紫丝更为贵重的彩缎, 铺设了长五十里屏障, 比王恺的更长, 更阔气。这件事一传开人们都说石崇赢了。史书还记载, 石崇家连厕所都华美绝伦, 不仅有各种的香料, 10多个打扮艳丽夺目的侍女侍候, 列队侍候客人上厕所。客人上完厕所, 这些侍女要把客人身上原来穿的衣服脱下, 侍候他们换上了新衣才让他们出去。

炫富虽是2007年教育部公布的171个汉语新词之一, 但却并不是近来才有的行为。其实中国饮食历史的资料里, 一些位高权重的达官贵人最是喜欢吃奇珍异兽。东西不在于好吃与否, 关键在"珍奇"、在于"我能吃到别人吃不到"的境界, 就是一种地位的象征。

而如今那些层出不穷在网上炫富的新一代, 在这个消费主义的"始祖"面前, 也都是自愧不如。但是石崇的财富, 不仅没有赢得后人的尊重, 几百年后人们谈起他, 都只是以"为富不仁"的面貌流传后世。

速食与爱情

1个小时的节目，1名孟非，1名乐嘉+1名黄菡，24位美女，5位男嘉宾，每个礼拜凑合一两对情人，这一系列的数字，拼凑成现时风靡全中国的相亲节目—《非诚勿扰》。当然及后就兴起了一大堆的"跟随者"，《我们约会吧》、《爱情连连看》、《全城热恋》，"男男女女，物质至上"，这种相亲类型节目的盛行，看来也是速食文化的盛行吧。

现在生活节奏快了，男欢女爱也好，日常工作也好，最紧要的是快。速食剧、速食杂志、速食报纸充斥着整个社会。在什么都快的时代，甚至连进食仿佛也成为了一种"累赘"，一种亵渎时间的活动。在一些大的城市，因为其日常节凑的飞快，好多上班族，甚至是大老板，中午都选择吃快餐。叫上一份快餐，一边吃一边与助理开会，蒸排骨、炖鸡汤、时蔬再加一客白饭，只能匆匆忙忙吃完。但是能充分利用时间，何乐而不为。其实，偶尔感受一下快餐，就更加珍惜"慢食"的那份优雅了。

速食和速食文化在香港盛行，这个大家都知，近年来似乎广州人、深圳人的节奏也快了起来。来去匆匆的大街上，地铁里，总会见到讲着电话或者是听着音乐的人，也有很多人将报纸书籍甚至文件带进餐厅带上汽车，边坐车边看报或边吃饭边改文件，不单只电脑进入多核时代，人类似乎也进入到"多核"的时代了。高速的工作、生活节奏，让很多人想在节假日期间尽量去找一个休闲的空间，以作平衡。从另外一个角度反映了人们对急速节奏的"不满"。返璞归真，一种本性的体现。

"第三者插足"

前不久，电视剧《家有公婆》在央视几个频道都有播出，这部由杨童舒主演的剧绝对带家常风味，反映了两代人的生活，写实又不偏颇。剧中有段故事是这样的，女主角为了家人能吃到鱼，在鱼档等到小贩收档时，跟小贩讲价。后来小贩干脆把鱼送给了她，这位被编剧塑造得贤淑、顾家等几乎完美的媳妇角色十分引人注目。我喜欢家常菜，现在的家常菜，除了有家里的味道之外，很多人亦是因为觉得家里买的东西会比外面吃的靠谱。

其实，餐厅里的厨师炒菜一定会比家里人做的菜好吃。就算家常味道，稍微有技术的厨师，随时都能把家常味道尽情演绎，而问题主要是在于食材。"菜远炒牛肉"应该是最家常的家常菜，越是简单的菜看越难做好。我在秋冬的时候，专门到数十间餐厅吃"菜远炒牛肉"，就是为了一品这种家常味道，期间也会产生出很多的思考。

我用了差不多6年的时间在媒体劝人不要过多吃猪油炒菜心，通常很多人会说，偶尔吃一下没问题，一个星期三五天都在外面吃饭，吃得多自然没益，而这两年来，猪油炒菜心正逐渐减少。其实猪油渣用得得当是可口的，我吃过一道"油泡鸡柳炒菜心"，菜上有三两颗猪油渣点缀，为菜式带来香气，与所谓的猪油炒菜心碟底一层厚厚的猪油相比，可谓天渊之别。

　　《家有公婆》是电视剧里的家常菜。近年,因为房子、闪婚、闪离、裸婚、婆媳关系等各种问题,生活剧在荧屏频频出现。而家庭剧也会随着时代话题的改变而改变,以前是为生活、生存问题烦恼,到了近年,离婚率上升和婚外恋增多,生活剧的焦点变成集中在这些矛盾中,在不久的将来,不知道菜牌里会不会有一道家常菜叫"第三者插足",什么菜? 可以是"紫罗牛肉炒竹笋"吧!

贱物斗穷人

　　老友郑达曾经给我讲过一个关于"跳楼价"广告的情节, 一位妙龄女子,站在高楼大厦的顶上,背后是蓝天白云。镜头表现了她即将离开这个美好的世界,画面扫过她清秀的脸上犹有泪痕,一副万念俱灰的神态。其后她急促闭眼,从高处飞下,即将得到解脱的时候—突然张开眼睛,看见对面的百货大楼写着"××大减价",顿时轻生的念头全消,拼命用手把自己拨回—不愿意死了。这其实是一个得了国际金奖的创意广告,为什么这个广告会得到金奖呢?

　　我常常会说,如果在香港的广东道那几间名店大减价的话,旁边数条马路也会水泄不通。消费是一种复杂的心理状态,我们广东人有句俗话,叫做"贱物斗穷人"。这个"穷"字并非一定指人穷,而更多是讲一种人对价钱的执拗。举个例,若有一位地产大富翁去市场买菜,他见到旁边的阿姨在讨价还价时，他会不会讲呢？其实他何必讲价，他买得起整个市场有余，但如果他不还价，估摸他心里大概也会有三两秒是不好受的。为何？因为人是计较的动物，人对价钱的计较，亦可以从现在团购看出一二。上得团购网的人，大多数都是年轻人，最起码都是有一部电脑，一部智能手机的消费群体，团购的项目主要是"吃喝玩乐"为主，何穷之有？因此团购根本不是为了真正的穷人而设的。

团购网站早在10年以前就有，但没多少人关注，因为过去的团购网站总是让买家在报名后等上好多天才确认是否能享受到折扣，而新兴团购网站成功的原因之一是即刻能看到自己购买成功，也能让后来者看到已经有多少人下单购买。人都有不认输的心态，广州话有句俗语"苏州过后冇艇搭"，亦有句"执输行头，惨过败家"。不怕我没，但却怕你有我没。所谓"不患贫，而患不均"是也。

参加团购有没有好处就不是这里讨论的问题，既然一直存在就有它的道理，而这种道理是不是说明人都会贪小便宜呢？不一定。但有一种现状却是，人们购买了团购的东西，多少总会碰过"钉子"—有人试过货不对板，有人遇过服务员爱理不理的嘴脸，所以当一种吃的东西要玩这种团购模式的时候，聪明的消费者就会有一定的戒心。因为街头巷尾的饮食店，它无时无刻不存在一种变数，而往往这种变数，在除了一些快餐店或者菜品容易被复制的餐厅之外，变数就是一种精彩，当这种变数打了折扣，精彩也被打折扣了。

孤寒的真定义

　　广东人所说的"孤寒"其实是吝啬的意思。我听到很多从事饮食业的人都会埋怨他们的老板怎样孤寒刻薄，连洗手间的厕纸都要锁起来；甚至每个地方都装上一个水表，连拖地都用洗过菜的水来清洁。我觉得这不算得上是孤寒，从另一角度来说应该是节流。

　　孤寒有两种说法，一是在经营运作上，这涉及到每个经营者的价值观、背景和所处的地位等因素。开源节流是古往今来做生意的两道板斧，虽然有不同的运作手法，尤其在开源方面，每个酒楼都有其先天条件和特性。成功者不会一本天书看到老。而说到节流，其共通之处一定是节约。成本控制得不好，不是"笑亏"就是"哭亏"。饮食业的成本可谓滴水石穿。这跟孤寒无关，但若是过于浮躁、急功近利，运用劣品或鱼目混珠等手法就另当别论了。

　　二是个人的用钱原则。有人用钱疏爽，慷慨大方，赢得身边一班"酒肉朋友"的爱戴，以人脉使自己的生意蒸蒸日上。但有些人则视钱财如命，待人接物鬼鬼祟祟，所谓善财难舍冤枉甘心。这应该说是一种孤寒。其实用钱的原则取之有道，用之有道，虽为一种老套的说法，但确为实用，经营饮食亦然。

人比人

所谓"人比人，气死人"，攀比本来就是人的本性。有些人就很喜欢与人比较，而且一辈子乐此不疲。曾经有人开玩笑说，不相信人的人，死后会看一下自己买的棺材有没有被人骗。而爱比较的人则会比较一下自己的棺材与别人的有什么不同。有些人在自己的岗位上总觉得怀才不遇，自己应该有更大的成就的，旁边酒楼的那个谁只是运气好，哪里比得上自己的本事大？这些人不知道为什么好的运气总是没有他的一份，他从没有想过，自己最大的敌人其实就是自己，他们永远不会自问—每天有没有进步、有没有感悟到一些新的东西……

某些人到其他酒楼试菜时，常挑别人的毛病。言语间觉得自己天下无敌。而在其他人的心里，亦觉得此君说起来是天下无敌的，实际上可能却无此能力。陶渊明先生曾在《五柳先生传》说到："先生，不知何许人也，亦不详其姓字；宅边有五柳树，因以为号焉。闲静少言，不慕荣利。好读书，不求甚解；每有会意，便欣然忘食。"

这是一种学习的态度，是学习人家优点的一种心态，而不是钻牛角尖，更不是比较谁的牛角更"尖"的态度。所以，有时候放下比较其他人的心态，自己比较一下自己，或许人生会有更大的收获。

第三篇 舌尖上的人生 美食人生

食物与人的故事，一个故事一段人生。

粤剧味如芫荽葱

在20世纪30年代的街头巷尾，随时会听到"凉风有信，秋月无边……"味道浓郁的地道南音，虽然现在已不容易听到，但这首《客途秋恨》，仍是不少老广州人心里一份不可磨灭的记忆。年轻人不太爱粤剧，就像有些小朋友不爱吃芫荽和葱一样，但随着年月的增长他们就渐渐不会抗拒了。

老祖宗给我们留下了许多传统习俗。清明期间，除了寒食禁火、扫墓，还有踏青、荡秋千、蹴鞠、插柳等一系列风俗活动。以往的人日祭祖，还要吃七样菜，其中五种一般是固定不变的：芫荽（香菜）、葱、芹菜、蒜、韭菜。芫荽的"芫"谐音"缘"；葱谐音"聪"；芹菜的"芹"谐音"勤"；蒜谐音"算"；韭菜的"韭"谐音"久"。

芫荽和葱有着很明显的味气。在餐桌上，芫荽、葱多数会加进生滚粥和清蒸鱼，小朋友从小接触这两样东西跟听着广东音乐长大一样，往往是耳濡目染但不解其意，知道其味但不会品味。芫荽、葱有什么用？去腥、辟味。粤人爱吃芫荽、葱，与我们的地理环境和生活环境有关系。粤菜多塘鱼河鲜，生活多有"鱼腥味"。芫荽和葱在东南亚菜中的用途也是十分广泛，配搭咖喱，有醒胃的食效。而与鱼露、青柠凉拌滑牛肉片，是勾人味蕾的食法。不过芫荽和葱的气味太重，亦会有一些人对它们生厌，所以经常会有人说"走青"。

虽然我从小接触粤剧，但真正感受到粤剧的妙处，还是长大后。像《再进沈园》"斜阳画角哀，诗肠愁满载，沈园非复旧池台。红酥手，黄藤酒，泪湿鲛绡人何在……"我欣赏粤剧里面优美的古文字，形容一件普通的事情都有不一样的韵味，例如烦闷，粤剧里会唱："恹恹闷闷"。"恹闷"是古用法，粤语有时也会这样说。还有"可恼也"，里头的"可"字发音，国语已经没有了这个音了，只有粤语还保持了古文中的读法。而讲到道白，就有所谓"四两唱，千斤白"，所以爱听粤剧的人，也会欣赏道白中古词的演绎。而粤剧"发烧友"，会更加欣赏"梆簧"，这就是后生们最受不住的"一个字可以唱很长"的腔调。在K歌房唱粤剧，甚至没有词，只有一个圈都可以唱一分多钟，是粤剧里最重要的板腔，只有真正的粤剧迷才能领略这种风韵。

有些年轻人从反感芫荽葱到渐渐变回喜欢，就像很多后生仔从不理解这种"咿咿呀呀"声到慢慢口里也会唱出一两句的粤剧，人们喜欢和讨厌一样东西有时是一种极端，但随着年月变换，口味又会发生改变，世事无绝对，只有真情趣。

油菜压倒云吞面

在我的脑海里，经常会有这样的情景，小时候，隔三岔五奶奶都会叫人去买云吞面。以前住在西关，有间云吞面店叫"作记"，还有一间叫"金钟阁"，懂西关地形的人会知道我大概住在黑门楼附近。一碗小小的云吞面，近年来给人作了太多的文章了，有的是关于文化流失的不舍，有的是互相弹劾、竞争和炒作。

车停在中环的威灵顿街，我来这里一般选择下午，虽然经常想来，但来的次数不多，为的都是一碗小小的云吞面。我喜欢这里的云吞面什么？自己也不知道，毕竟从以前的寻味到现在已经换了不一样的感觉了，可能是回味吧。这几年很少留意他们的台上还有没有放着黄霑为他们写的文章。霑叔写得公道，"麦奀记"的鲜虾云吞，完全以虾作馅，汤头及面条，是比云吞更让人回味的部分。

许多外地人对云吞面不感冒，是因为云吞面下了碱，因为碱没有完全流失，吃不惯的人会觉得苦，但若全部流失又没有爽口的口感。如何煮得恰到好处，正是云吞面的最高境界。掩盖这种碱苦味的一种方法是下猪油，稍微对食物有研究的人都会知道，油脂的香味是特别勾人味蕾的，土炸花生油如是，香磨麻油如是，鸡油如是，猪油亦如是。不下猪油的云吞面，面的苦味会很容易"露出尾巴"。

现在广州一些面店，云吞面上会跟一两条青菜，大概人们喜欢吃油菜吧。传统云吞面，是下韭黄的。下韭黄是有它的道理，韭黄跟大地鱼汤的味道和合，可谓无分高低，而蔬菜的味道在云吞汤里，菜味就会霸道，如果是下菜心还会好些，如果是生菜，味道就会完全变了，我还看到某些地方下了通菜，真有"诚意"。

香港能传承到云吞面的精髓，是因为云吞面文化的传承没有间断过，有不少人嘲讽作为云吞面发源地的广州还做不出香港的口味。其实云吞面不是高科技，只是一种诚意之作，当然也需要被市场接受，能被人欣赏才有存在的意义，不然再用心的作品都只是纸上谈兵而已。

素菜舍利心

　　一颗颗舍利子五颜六色，晶莹剔透，在水晶棺中显得异常美丽，这是弘法寺本焕老和尚留下的。曾经有一则新闻，讲的是本焕老和尚法体进入化身窑后，出现大量七彩舍利子。翻阅文献记载，要鉴别真假舍利子的方法就是用将要孵化的鸡蛋敲向舍利子。真的舍利子硬度极高，用铁锤敲打都丝毫无损，往往这时候却会马上自身粉碎。据说是因为舍利子具有佛性，带有"慈悲之心"，不忍伤害鸡蛋的缘故，是真是假，不知道有没有人能做这个实验。

　　现在很多人吃素，有人说是由于佛门僧人长期都是素食，摄入了大量的纤维素和矿物质，经过人体的新陈代谢，形成大量的磷酸盐、碳酸盐等，最终以结晶体的形式沉积于体内而形成舍利子，是不是这样，不得而知。

　　时下人们关注自己的饮食问题，为了身体健康，身材完美，越来越多人喜欢吃素菜，广州的素菜馆也渐渐立足起来。素菜的清淡、清净、清香，令人舒服。我有时候试菜，一次就是几十道菜，这时候身体就会渴望吃一些清淡的素菜来平衡一下，这是人自然的反应。广州人尤其是潮州人，每逢初一、十五或者是万佛诞、观音诞、观音开库等参神日，一般的居士或善男信女，在上香之后，往往要吃素。广州人吃素的风尚要浓过其他城市，除了本来就喜欢清淡菜式，对营养健康比较关注也是一个主要原因。

　　虽然素食馆多年来一直都有，但一直都不能大红大紫，这与它清淡的口味有直接关系。虽然人只有四只虎牙，人吃的食物按照道理应该是肉少菜多。但现代人类的需求往往要调转过来，这种生活习惯的形成，导致吃全素会觉得生理和心理都得不到满足，"不开心"吧。但其实越来越多人吃素是一种必然的趋势，因为吃素的有益之处远远大于吃肉。现在食品安全问题多多，食材有问题，环境有污染，动物亦一样吸收了，吃素菜至少在饮食上可以相对减少甚至避免这些问题，而农药的问题则是吃素者的顾虑。

　　据营养学家分析，除了动物蛋白与植物蛋白有轻微的区分之外，其他的营养物质素菜都远远超过动物性肉类，吃肉获得的营养几乎全部都能在植物中获得。

　　讲起吃素，我之前也有一个比较难忘的经历，和几个朋友吃素菜之后，有一个朋友把剩下的素菜打包，服务员不建议打包。因为素菜隔了夜之外，就会产生毒素，吃了会致癌。

　　哇！现在吃东西，船头惊鬼，船尾惊贼，不算痛快！

　　走在街头巷尾，闻到一些饭菜香味，令人安神和坦荡。吃东西，讲究本味，若然新鲜健康，大快朵颐，就是最畅快的事情。

长寿之道

相传汉武帝非常相信相术，一天他与众大臣聊天，说到人的寿命长短时，皇帝就说："《相书》上讲，人的人中长，寿命就长，若人中一寸长，就可以活到一百岁。"东方朔听后忍俊不禁。汉武帝问他笑什么，东方朔解释说："我不是笑陛下，而是笑彭祖。人活一百岁，人中一寸长，彭祖活了八百岁，他的人中就长八寸，那他的脸有多长啊。"

想长寿，靠脸长是不可能的，但可以变通来表达一下长寿的愿望。脸即面，"脸长即面长"，于是人们就借用长面条祝福长寿，生日时吃面条，就成了旧时人们庆生的习惯，生日当天吃的面条又称为长寿面，长寿面整碗只有一根面条。吃的时候最好不要弄断，因为断了就不够长，祝愿就打了折扣。

小时候吃面讲究餐桌上的礼仪，吃面发出声音一直都被视为不礼貌的行为。只有去到日本的拉面店，客人直接把面吸入口中，发出"窸窸窣窣"的声音，这种汤汁四溢又自然的声音会让日本师傅觉得欢喜，也会使吃面的人本身的感官得到放大。而广东人往往讲究礼仪而放不开，所以回想起小时候吃面，算不得是大快朵颐。

前不久体坛又传来噩耗，26岁的挪威蛙泳世界冠军奥恩在训练营中猝死。有一项统计，多数职业运动员40岁以后就相继退役，相扑运动员30岁以后几乎全部退役，女运动员几乎都会月经紊乱，男运动员中不少人的精液中精子稀少……种种的事例都在表明，过量的运动不会使人健康，反而会使人受伤。照理说，运动使人健康，最健康的人类莫过于运动员，但运动员往往不会长寿。与此相反，动物界慢吞吞的乌龟应该算是在长寿排行榜中名列前茅了。

乌龟在中国传统文化的意象中有长寿之意，法国有道汤叫做Turtle Soup，是十八世纪出现的一道经典菜，除了精细的手艺之外，用大海龟制作的汤料和特制的香料都是现在再也吃不到的味道。厨师将海龟处理好后，经过数小时以慢火吊成清汤，当中要加入秘制的香料，后来这些香料又被香料包代替。这种汤一直风行到上世纪，不知道现在还有多少米芝莲餐厅懂得做这道菜。

神龟虽寿，犹有竟时，龟虽然长寿，尚有生命的极限，更何况于人？但人的寿命与龟比，却并不完全听天安排，更重要的是依靠后天的积极调摄和保养。正如曹操所说，盈缩之期，不但在天；养怡之福，可得永年。

人生如吃喝

一个人懂不懂享受生活，其实跟他平时的生活习惯有很大的关系——譬如吃。吃其实是天大的事情，不懂吃的人会说对吃没有什么要求，好是一顿，不好也是一顿，反正吃完后都会变成没用的东西排泄掉。

这是不懂生活的人的看法，这些人往往一生到头，都不知道自己在干什么。我认为对于食物的看法不在于便宜与贵，而是在于对吃的理解上。古人说："治大国若烹小鲜"，是把吃的原理提升到治理国家的层面上。在《射雕英雄传》的故事里，作者塑造了一道"二十四桥明月夜"的菜式，书中精细地描述了这道菜式的整个制作过程。我相信，如果金庸先生对吃没有考究的话，是不会写出那么精彩的话语的。有人说，《红楼梦》是《金瓶梅》的"翻版"，但当中的美食，同样是非常精彩。当然，作者懂吃是基本的前提。

在法国干邑地区与一个酿酒师吃饭时，闲谈之中说到了中国菜。他问及中国菜的鹅肝是怎样的，我说这是法国菜的"专利"，不可相提并论。他问："广东菜有什么好吃的。"我说，"是海鲜，全中国人都喜欢吃。"那里的蚝好吃吗？"他问。"没有法国的好吃，"我说。吃和地域是没关系的，哪里都有好吃的东西，只是你有没有去找，或者说是懂不懂得去找。人生亦如此，没有生活得好与坏，只是看你懂不懂生活而已。